日本主妇之友社 / 著　梁玥 / 译

我的家越住越大

江苏凤凰科学技术出版社
·南京·

图书在版编目（CIP）数据

我的家越住越大 / 日本主妇之友社著；梁玥译. --
南京：江苏凤凰科学技术出版社, 2020.10
ISBN 978-7-5713-1345-6

Ⅰ. ①我… Ⅱ. ①日… ②梁… Ⅲ. ①家庭生活－基本知识 Ⅳ. ①TS976.3

中国版本图书馆CIP数据核字(2020)第147967号

我的家越住越大

著　　者　日本主妇之友社
译　　者　梁　玥
责任编辑　祝　萍
责任监制　方　晨

出版发行　江苏凤凰科学技术出版社
出版社地址　南京市湖南路1号A楼，邮编：210009
出版社网址　http://www.pspress.cn
印　　刷　天津旭丰源印刷有限公司

开　　本　718 mm × 1 000 mm　1/16
印　　张　10
字　　数　173 000
版　　次　2020年10月第1版
印　　次　2020年10月第1次印刷

标准书号　ISBN 978-7-5713-1345-6
定　　价　35.00元

图书如有印装质量问题，可随时向我社出版科调换。

目录 Contents

PART 1
越住越大的极简主义房间布置要领

PART 2
利用极简整理术与收纳原则，打造明朗生活空间

PART 3
过剩物品淘汰法

PART 4
节省空间与防皱的衣物折叠方法

PART 5
不过多占据生活空间的收纳要领

PART 6
玩转收纳工具

PART 7
物品繁多也能美观的房间布置法

家，是我们的栖息之所。
家人在一起生活，
物品会不断增加，
房间自然会变得凌乱。

不过，如果你能掌握一点点要领——
做减法，多整理，杜绝物品过剩等，
那么，即使你不擅长收拾房间，
或是房间又小又旧，
你的生活依旧可以变得清爽利落。

无论在看得到的地方，
还是看不到的地方，
都要用心布置，
这样，家人才会更加热爱每天的生活。

居家整理术 7 大原则

一切发明、设计都是以人为本的。

用心打造每一寸室内空间，
让每个家庭成员都易取易收。

为了达成目标，要将以下 3 个要领变为习惯：

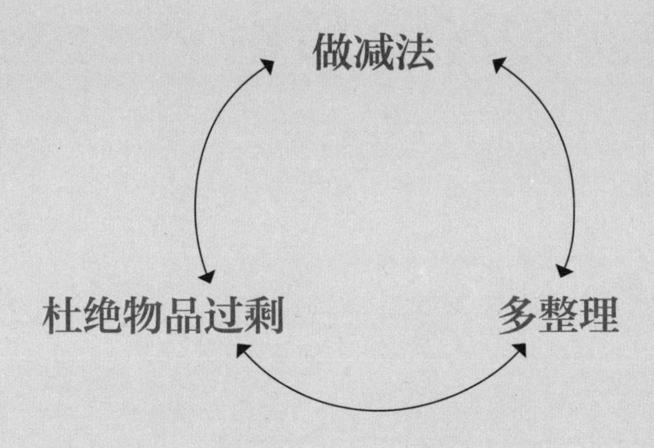

收纳代表了你对家人的关心。“这件东西收在这里方便大家使用”“收在那里没准更方便大家使用”——我们就是这样，一边考虑着家人，一边努力做着这样那样的尝试。

关于收纳的量

Rule 01

果断淘汰不必要的物品

保持合适的量是整理收纳中最关键的一点。也就是说，你所拥有的物品不能超过你的收纳空间。留下具有重要纪念意义的物品，剩下的就淘汰掉吧。留出一个固定的空间来放置用不上的东西，并定好期限，比如超过一年没有使用就淘汰，这样你自然就能有规律地淘汰没有用的物品了。

Rule 02

不买那些不十分中意的物品

人们在“冲动购物”时买下的东西，之后通常不会特别喜欢。如果你特别需要某件物品，但是又没有十分中意的，那就暂用其他物品代替，直到找到中意的为止，千万不要为了买而买或是凑合买。这样，你才能与真正喜爱的物品相遇，也会很珍惜地去使用它。

关于收纳的质

Rule 03

物品的收纳位置要尽量靠近使用位置

收纳的第一步就是将物品集中在一起，并进行分类。然后回忆家人平时的活动习惯，将物品收纳到最方便家人使用的地方。收纳位置与使用位置之间的距离越短，就越好拿，也越好收。

Rule 04

分隔、贴标签能使你在收纳时更加得心应手

可以在抽屉、收纳筐或收纳盒中分割出更小的格子，按种类将零碎小物品分别放在小格子中，这样使用起来非常方便。此外，还可以贴上标签，表明里面装的是什么，使收纳位置一目了然。

Rule 05

合理搭配颜色与材质

如果你希望房间看起来既清爽又宽敞，那么就要记住下面这个要领——宽阔的空间不要装饰、放置太多物品。过度装饰是大忌。此外，用心搭配颜色及材质，会给人一种清爽、利落的印象。一定要控制好使用颜色的数量，这样才能打造出简约质朴的起居空间。

Rule 06

学会隐藏杂乱的物品

尽量将杂乱的小物件隐藏起来吧！比如，色彩过于强烈的物品、颜色数量过多的物品、透明塑料、弯弯曲曲的条状物体等，把带有这些特征的物品放在抽屉、收纳筐或收纳盒中，用布盖起来。这样，空间就能得到延展，房间自然会给人一种清爽利落的感觉。

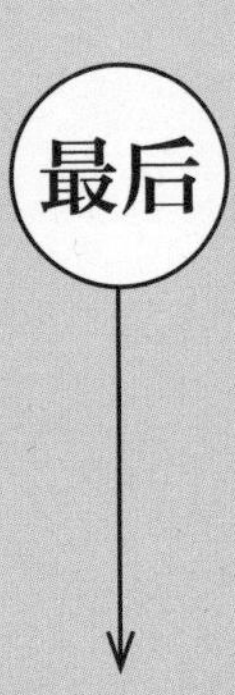

Rule 07

物品用完随手放归原处

不管你收拾得多么干净整洁，如果用完东西总是随处乱放，那房间很快又会变得一团糟。用完的东西物归原处,还可以方便下一位使用者。注意，关键的一点是要确保固定的收纳位置，便于放回原处。

PART 1

越住越大的极简主义房间布置要领

过极简主义生活，才能让你的房子越住越大。布置房间时要遵循一定的原则及要领，如挑选家具及物品的标准，利用空间的方法，一定范围内物品的数量、质感及色感，收纳方法及规则等。

Case 01

拉开距离摆放低矮家具，并饰以心爱小物的简约空间

香菜子（东京）

与丈夫、上初二的女儿、上一年级的儿子生活在翻新的旧公寓里，她从母亲的角度将“理想家居”变成了现实理念。

刚入住时，餐厅与客厅是由墙和门隔开的两个独立空间。香菜子拆除了墙壁，使开放式厨房、餐厅与客厅相连，让房间变得既宽敞又明亮。然后搭配现代风格的低矮家具，突出白墙的整洁感，打造出轻松惬意的起居空间。

从客厅的落地窗向外看去，便是绿意盎然的庭院。为了展现窗外那一抹清爽的绿意，香菜子在室内摆放了低矮的家具，露出洁白的墙壁，使绿意、白墙、低矮家具相得益彰，协调有序。

客厅

除了沙发和电视等家具、家电，客厅（约$30m^2$）里尽量不放置多余的物品，这样才会井井有条。孩子的拼插玩具收纳在沙发旁小矮柜的文件架中，光盘和电视游戏机收纳在电视柜中。壁挂式海报是意大利绘本作家艾拉・马俐的作品。

客厅中可以摆放电视柜、小矮柜等能够分门别类收纳大量物品的带柜门家具，这样就可以把零碎的物品收入柜中，使房间显得整洁。

“物品的收纳场所要挨着使用场所，这样无论是收纳还是取用都会很轻松。我也与孩子们约定好，拿出来的东西要在当天收好，所以每天孩子们也会在睡前将书和玩具放回原来的地方。”

如果严格遵守这些原则，但房间却依然越来越乱，那就说明物品过剩，该淘汰无用的物品了。

“我每年都会逛一次跳蚤市场，这为我创造了重新审视家中所有物品的机会。就在几天前，我们还把家里的东西集中堆放在客厅里，然后全家一起筛选，是要还是不要。”

屋子里收拾得干干净净，但又不会让人觉得冷淡，这是因为复古式的家具给人以一种沉稳大气的感觉。另外，为了培养孩子们爱读书的习惯，香菜子在小矮柜中放满了书籍。还用保留的纪念品——孩子们穿过的婴儿连身衣作柜子的装饰。

“要珍视与家人共度的时光”，家里的每个角落都传达出这种心意，也正因为如此，香菜子才打造出舒适、放松的居家生活氛围。

吉他是香菜子丈夫的兴趣爱好之一。为了方便他练习，吉他就放在了客厅的一角。鲜艳的红色与质朴的室内陈设产生了强烈对比，充满男人味儿的硬朗风格也增添了点缀效果。

香菜子的“极简主义生活”3大原则

Rule 01

用低矮家具突出洁白的墙壁，打造开阔的空间感。

电视和沙发都是大尺寸的，但房间依然清爽、简洁，这是因为搭配了低矮家具，一方面不会产生压迫感，另一方面能看到大面积的白墙，十分开阔。

Rule 02

用带门橱柜收纳零碎物品，时刻保持房间整洁。

将漫画书、文具、玩具、杂货等放在外面会显得很乱，但是收进小矮柜或壁橱中，房间就会变得干净、整洁。

Rule 03

定期审视家中的物品，不需要就果断淘汰。

生活中的必需品会随着个人喜好的变化及孩子的成长而改变。淘汰的东西可以拿到跳蚤市场出售，也可以转让给其他朋友，总之要杜绝物品过剩。

窗边装饰着从庭院中采来的绣球花枝，这一抹绿色将庭院与客厅连接在了一起。花几实际上是一款可折叠的英式野餐桌。

家里唯一的高家具就是香菜子夫妇在新婚时选购的柜橱，它被摆放在一般不会进入视线的门框边上，这样可以减轻压迫感。零食等具有强烈生活气息的物品，都被收纳在柜橱下方的抽屉里。

白色、造型独特的装饰

室内装饰以白色为基调，且极具个性，因此不会显得冷冰冰，同时也毫不张扬，能够衬托出海报等物品的焦点配色。

统一家具的木质与色调

大部分家具都是欧美的现代风格。木质及色调统一，使空间具有一致性。

低矮家具使空间更开阔

整个房间里的家具即使有大尺寸的，也都十分低矮，因此毫无压迫感，呈现出宽敞而又具有开放感的室内空间。从落地窗投射进来的充足光线，使梦想中的明亮客厅得以实现。

香菜子·房间布置要领

零碎小物要分门别类地收纳在固定场所

客厅里带有玻璃门的橱柜是展示香菜子心爱小物的特别区域。陈列着芬兰产的天堂系列餐具、塑料模型玩具、孩子写的信、全家福照片等，琳琅满目。

厨房的墙壁上安装着意大利产的壁挂式收纳盒，用来收纳购物卡、名片、记录孩子做家务次数的奖励贴纸、笔记用具、数码相机等，错落有序。

用一面开放式展示柜隔开卧室与香菜子的工作区，柜子里摆放着香菜子喜欢的小物品。虽然这些物品的材质各不相同，但基本上都是白色、黑色、原木色，颜色的统一呈现出协调感。

饭厅

北欧复古风格的餐桌椅是从朋友那里买来的。“因为是家人们一起用餐的地方，所以家具就只有这套餐桌椅和里面的落地灯。”虽然餐厅只有大约10m^2，但是由于将家具数量控制在最低限度，因此看起来很宽敞。

小矮柜上的玻璃瓶里收藏着孩子们穿过的婴儿连身衣，充满了回忆。“瓶子上贴着标签，注明了每个孩子的生日和姓名。每当想起孩子们出生时的情景，都会十分怀念。”

选择气质硬朗的家具和小物，越硬朗就越能集中视线。壁挂式海报是香菜子的原创作品，灯则是美式复古落地灯。

在餐厅与客厅交界处，放置着小矮柜，用来收纳外卖菜单、孩子的彩笔、工作用纸、心爱的绘本以及想让孩子阅读的其他书籍等。

玄关

在嵌入式壁橱里，收纳了孩子们的作品、节日装饰品以及全家人都喜爱的漫画书等。上层的收纳盒分别贴有“活动”“旅行套装”“使用说明书”等标签，分门别类地收纳相关物品。这里面的物品也是一年重新整理一次。

在通往玄关的走廊上，像画廊一样陈列着洛杉矶艺术家的石版画以及香菜子创作的画。搭配好画与画框的色调，就会非常漂亮。

香菜子的丈夫是一名设计师，这里专门展示他的收藏品，有布里克百变小熊的手办等。壁挂式海报是他摄影作品的放大版。

办公空间

与工作相关的资料或设计原稿等，全部分门别类贴上标签，这样就一目了然了。东西多得放不下时，就需要重新整理、淘汰物品了。

庭院原本是日式风格的，通过涂白墙壁、铺上木板等变成了自然风格。盛满水的搪瓷脸盆，以及种着绣球花、麻叶绣线菊等的季节性盆栽，极富观赏性。

浴室

洗衣机上方的隔板上，摆放着香薰精油、洗发水和护发素等，其他较私密的物品可以放到洗脸池下面。

“过去我们夫妻俩总是一起逛街购物，”香菜子说道，“尤其是有了孩子以后，家里的东西就一直有增无减，曾经甚至到了没地方下脚的地步。”

一天，香菜子夫妇决定彻底改变这种状态，于是他们开始把椅子等物品转让给朋友。

“志趣相投的朋友之间相互转让东西，都不会觉得勉为其难。反而这是一件互利互惠的事情。”

香菜子夫妇体会到了精简物品的愉悦，甚至连打扫的观念都改变了。

“家里的物品减少之后，我才开始在意小污渍和凌乱的东西。我原本并不勤快，但现在隔天就会拖地、收拾房间，保持家里一尘不染。每次做这些大概只需要30分钟。”

现在香菜子家里没有一件因冲动而购买的物品，身边都是真心喜欢、真正需要的物品。淘汰的东西也能在朋友之间良性循环，而这种循环为香菜子家带来了新鲜气息。

Case 02

用色质低调、纯朴的收纳家具，打造整洁、优雅的小居室

餐厅设计的点睛之笔是开放式的餐具收纳架，由置物架和隔板组装而成，用来展示形态优美的餐具。这也是大内美生的毕业设计作品。

大内的“极简主义生活”3大原则

Rule 01

选购形态优美的生活用品，打造生活气息浓郁的空间。

选购生活用品时，一定要挑选自己真心喜欢的。另外即使是开放式收纳，也要兼顾舒适度和美感。

Rule 02

精心搭配颜色、材料、质感，达到某方面统一就会整洁。

为了将颜色数量降到最低，用白色作为餐厅的基础色。再搭配白瓷器光滑、细腻的质感，以及原木的质感，这样将同一材质的物品放在一起，就会显得十分清爽利落。

Rule 03

控制书籍的总量，并固定收纳场所。

购买杂志、书籍等时，要注意收纳空间的可容纳量。可以将杂志上想保留的内容做成剪贴册，然后买一件新品就淘汰一件旧的或是送给朋友。

在餐厅落地窗旁，摆放着大内美生自制的果酒和味噌酱，而且器具形态优美，有较高的观赏性。玻璃花瓶不用时也放在这个位置，因为它与密封瓶材质相同，有统一感，放在一起比较整洁，在发挥收纳作用的同时也赏心悦目。

大内美生（东京）

与丈夫一起住在东京市内的租赁公寓。她是不定期手作艺术品集市的开办者，拥有室内设计相关工作经验，曾在建筑杂志、建筑改造公司、家居用品商店工作过。

大内美生曾在杂志社和家居用品店工作过，所以收藏了很多书籍、餐具等。她觉得乱糟糟的空间令人厌烦，而那些带有些许生活气息、展现生活方式的房间是最理想的。

为此，她选择了很多即使五年后也依然觉得形态优美的物品。为了让繁多的物品显得整洁，她非常注重颜色与材质。

放在餐厅里的都是生活常用的餐具和密封瓶，要选择形态优美又好用的，然后以白色为基调控制颜色数量，同时注意统一材质，这样就可以兼顾到舒适度与美感。

微景观盆栽里，是从山上采来的苔藓。统一使用玻璃器皿做容器，再将几个摆放在一起，这种感觉与植物的清爽十分相配，而且生长在背阴处的植物看起来非常精致，很吸引人。

把置物架的一部分作为调料等物品的收纳场所，放置装有不同调料的小玻璃罐及木制胡椒研磨器。小碟可以用来尝味道、放大汤勺、加葱姜等时使用，十分方便。

象牙白橱柜搭配不锈钢水槽及台面，热水壶和厨具选用白色或茶色。此外，台面上方的净水器用亚麻布遮挡起来，以减少生活气息。

在燃气灶对面放上置物架，增加了收纳空间。开放式收纳平时常用的厨具，便于收、取。而且这里是冰箱后面的死角，从客厅、餐厅都看不到。

大内美生家是1室1厅的公寓，古旧狭小，厨房空间非常紧凑。大部分厨具都用了10年左右，是她离开父母家时一件件添置的。收纳空间小，所以她不再购买新品了，烹饪时只用不可或缺的厨具和调料。

另一方面，对于丈夫喜欢的书籍等，其原则也是买1减1。

物品繁多，但依然保持整洁的秘诀就在于，控制好物品的总量，不超出客厅展示柜的收纳容量。另外，电视机和打印机也集中摆放在同一区域。

大内美生家丝毫不会给人狭窄的感觉，因为她灵活运用了有限的空间，到处都充满了将物品精简到极致的巧妙创意。

把自己设计制作的置物架与木板组合在一起，做成开放式收纳餐具。上层摆放使用频率高的玻璃杯、陶瓷茶杯等杯具，坐在餐桌旁一伸手就能拿到。置物架第二层的餐具，都非常精致，每一件的形状都不同，从透薄的胚体上可以感受到工匠的手艺。此外，餐具还根据材质分类摆放，以免陶器或瓷器碰出缺口。置物架下面的皮质旅行箱里收有香薰蜡烛和烹饪书籍。

餐厅

收纳空间大小决定物品总量

书籍等总是不断增加，要注意将它们的总量控制在收纳空间能容纳的范围内。

用心爱的小物作点缀

自制的置物架除了可以收纳餐具，还可以用作壁挂木框，这样就把餐厅的一角变成了展示区域。展示物的数量要控制在最低限度。

造型优美的用具是神来之笔

常用餐具也要选择形态优美的，平时还可以作为装饰品。

大内美生 · 房间布置要领

多余的杂志做成剪贴册

书籍超出收纳空间容纳范围的杂志，积攒到一定程度就全部制成剪贴册。从大学开始，大内美生就养成了把喜欢的图片制成剪贴册的习惯。这样不仅能保留喜爱的图片，还能培养感受力。

用布遮挡显眼夺目的家电

烤箱微波炉一体机质感冰冷，与周围物品十分不协调，用本色麻布遮挡后色调就非常一致了。

客厅

电视、音箱、黑胶唱片机等都集中摆放在客厅，主色调为黑色，这样的设计能够使这些家电融入环境中，不显得突兀。将物品集中放置在视线下方，能够避免空间显得过于沉重。北欧复古风格的圆桌、椅子起到连接客厅与餐厅气氛的作用。

卧室

卧室整体为自然风格。靠墙的书架用条纹布覆盖，显得清爽整洁。床边空当处的皮质旅行箱用来收纳家居服和正在读的书。

玄关

由于鞋柜容量小，夫妻俩用实木地板的板材亲手制作了一个鞋架。为了不使玄关看起来拥挤，将鞋架的深度做浅一些。鞋架上的篮筐中放着外出时穿的浅口船鞋。

长达180cm的茶几是在网上定制的，即使有多位客人来访也完全能应付。桌脚与沙发腿上均装有滚轮，便于给家具更换摆放位置，也便于打扫卫生。

S的“极简主义生活”3大原则

Rule 01

将物品收纳在使用场所附近，便于取用及收纳。

客厅里的物品集中收纳在34屉矮柜中，每天多次使用的餐具类物品则收纳在开放式展示柜中。

Rule 02

同款收纳家具并排摆放，日用小物件“同款收纳”，美观利落。

这样能让五花八门的日用小物件井井有条，而且简约风格的收纳物件能用在任何地方，所以S经常一次性购买多件。

Rule 03

通过一物多用控制家具数量和所需的收纳空间。

矮桌换一下桌脚就能变身餐桌，收纳箱可以变身边几。通过一物两用的方式，既可以控制家具数量，又能减少占用空间。

Case 03 兼顾美观与实用，让极具设计感的家具与房间融为一体

S（埼玉县）

与丈夫、上初中的长子、上小学的幼子以及一只爱犬共同生活。现居于6年前购买的独栋住宅，少年时曾在德国生活。现就职于建筑设计公司，同时撰写室内设计相关博客。

宽大的四人沙发，年代久远的大矮柜，优雅的摆设小物件，整体气氛仿若在外国书刊上看到的一般高雅。在S家，独具匠心的创意随处可见，令人感到非常舒适。

“物品全部收纳在使用场所旁，便于取用”，全家人都严守这一原则，即便在忙碌的日子里也能够保持随用随收的状态。将相同的收纳小物并排摆放，呈现出统一的视觉美感。

此外，S还非常擅长一物多用。例如将茶几的高度改变一下，就能作餐桌。因此在定制时就装配了两组高度不同的桌脚。

职场妈妈S的家中，到处都闪现着灵感的光芒，在兼顾美观的同时，也让家人生活更便利、舒适。

厨房的橱柜里整洁美观地收纳着每天使用的餐具，常用的杯子放在微波炉上，孩子们也能拿到；刀叉及筷子等分为孩子专用、大人专用，分别进行开放式收纳。橱柜左侧放着每天都会用到的餐具，而右侧则收纳着使用频率较低及颜色鲜艳的餐具，再用帘子遮挡上。

（左）餐厅里的小餐桌曾是一辆移动餐车，非常适合吃早餐或喝下午茶。

（右）古董矮柜抽屉较浅，十分好用。它不仅是室内设计的亮点，还担负着收纳客厅全部物品的重任。

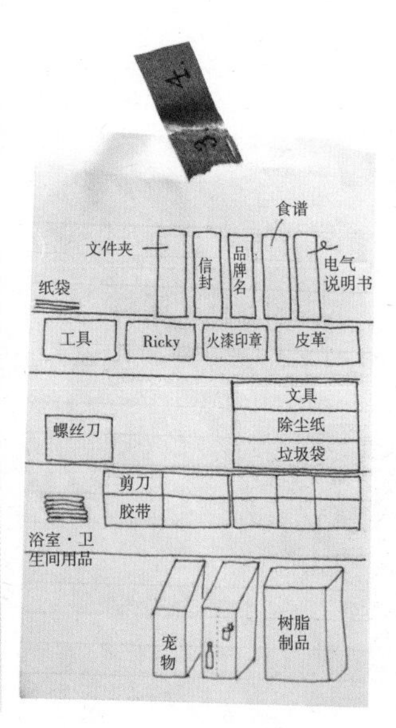

矮柜的使用原则是，一个抽屉收纳一类物品。将文具、药品、电玩游戏盘、信笺和信封、电灯泡等杂物分别收纳。这样可以将要使用的物品连整个抽屉一起搬到使用场所去，非常有效率。

在嵌入式储物柜中，“无印良品”的收纳盒大显身手，分门别类地收纳着使用说明书、宠物用品等。柜子中间贴着手绘的笔记图，标明了物品位置，便于家人取用。

通过黑色台灯、铁艺工业风格书桌等外形硬朗的物品，使台式电脑融入室内设计。放置电脑、电视相关物品的收纳箱则放在带有滚轮的木板上，需要时还可以作为小茶几使用。

将高脚凳与台灯组合在一起代替落地灯，S的美感与灵感使室内熠熠生辉。憧憬清爽的家居空间时，可以将棕色沙发用亚麻盖布遮上，增强明快感。

小小的梳妆台上，放置着古朴的梳妆镜。还可以挂在墙上做点睛之笔，或者放在地板上做实体艺术。

S理想中的生活，是身边的一切都如画般优美。但只要两个儿子一回家，房间就会瞬间乱作一团。在餐厅里写作业、玩游戏等，不过他们也会在吃晚饭前把餐厅收拾干净。

孩子们养成这样的习惯也是S的努力，她规定好了每一件物品的位置，家人收拾起来也很方便。S充分利用家具彰显了家的可爱之处，也打造出让家人舒适、愉悦的起居空间。

开放式收纳每天使用的物品

白色的收纳柜无论收纳什么，都显得很整洁。每天都用的餐具固定收纳在这里，下层放有食材、亚麻毛巾以及装在白铁皮罐中的狗粮。

严格挑选收纳小物件的颜色，仅限白、黑、茶3个色

厨房整体以白色为基调，深褐色搁板、黑色珐琅铸铁锅等深色物品能起到视觉收缩的效果。用螺丝将磁铁固定在搁板侧面，再将夹有咖啡滤纸的古旧铁夹吸上去。

S · 房间布置要领

选择设计精良的日常用品

选择外观优美的古董茶罐，套上塑料袋作厨余垃圾桶。不仅隐藏了垃圾，盖子还能抑制气味，功能性满分。

确保使用空间

确保厨房使用空间的重要原则就是，尽量不在明面上放置物品。厨具固定放在窗台边，调料放在橱柜里，台面上干净利落。

选择便于孩子使用的收纳家具

儿童房的衣物收纳柜是由餐具柜改造而来的，取餐具柜的下半部，再装上挂衣杆。高度正适合孩子，因此孩子们可以自己选衣服、收衣服，十分便利。裤子叠放在柜子上。

PART 2

利用极简整理术与收纳原则，打造明朗生活空间

8家条件、位置迥然不同的住宅，却在整理收纳的理念上有着许多共同点，这些设计实例全都基于3项原则，非常具有说服力。

客厅尽量选择少量且具有透视感的家具

沙发旁边的架子放置阅读的书籍、午休毯等。本意是暂时放一下的，但不知何时起就成了固定场所。这里如果放太多东西的话，整个房间就会显得乱糟糟的。

玩具型收纳小物是客厅的点睛之笔

小玩具收在巴士型的收纳盒中，毛绒玩具收在北欧风的小帐篷里。这两个都是便于移动的、结实的收纳工具，便于拿到孩子的房间去。

Case 01 将常用物品与不常用物品分开收纳，让生活有条不紊

村上直子（神奈川），3室1厅的独栋住宅，约97m²，五口人居住

村上直子

整理收纳顾问、室内空间设计顾问，曾在家中举办整理与收纳研讨会，不定期举办的家庭商店也极具人气。她也是两个小学生的妈妈。

因为职业习惯，村上家无论哪个房间都收拾得井井有条，每个角落都体现了专业人士的“整洁原则”。

最基本的一点就是，将常用的物品放在使用场所附近。比如厨房里，就将厨具和调料放在伸手就能拿到的地方，其他使用频率低的物品，如客用餐具等，则集中收纳在不碍事的地方，这样厨房就会井井有条。

厨房用品要收在厨房里、餐具要收在餐具柜里，这种死板的观念是典型的缺陷型收纳，不利于使用，也不利于收纳。

村上的观点是，收纳是为了享受室内设计的乐趣，所以收纳家具的美观性也非常重要。她遵循的收纳原则是，收纳家具要有透视感且兼具装饰性，能够一物多用。

而事实上，重视美观性也有利于培养孩子们的整理习惯。因为孩子是通过视觉来记忆的，选用外观可爱的收纳家具，他们的整理习惯自然会变好。

客厅

将不想示人的物品隐藏在死角，房间就能变得简洁又清爽

客厅选用具有透视感的北欧风格家具，使整体更协调。学习和工作区域设置在死角处，这样房间就给人一种清爽整洁的印象。

客厅

将物品固定收纳在使用场所旁，并养成习惯

数量易增加的书籍固定场所收纳，并只收在一处

沙发边的柜子是收纳童书的固定场所。尊重孩子们的意愿，由他们选择将哪些书放进柜子，这样自然能够培养他们的取舍能力。

工作区域只放目前需要的东西

要遵循一看到工作区域的纸张等就处理掉的原则，将极简主义生活落实到行动上。木质收纳盒营造出自然的感觉。

将生活小家电收入收纳箱，保持整洁

相机、摄像机、充电器、延长线等全家共用的物品固定收纳在客厅里，并选择便于取用的位置。另外，要根据需要收纳的物品大小来选择收纳盒。

村上的“极简整理&收纳”3大原则

Rule 01

将常用的物品放在使用场所附近。

与此相反，使用频率较低的则收纳在稍远的地方。这种分类整理是“易取易收”生活的基础。

Rule 02

根据家人的活动地点及行为决定固定收纳场所。

固定收纳场所必须便于家人整理，如玩具的固定收纳场所要便于在客厅里玩耍的孩子们进行整理，餐具的固定收纳场所要便于餐前餐具摆放。

Rule 03

选用具有透视感的家具提升美观性。

如果想让房间清爽、通透，那决不能选择有压迫感的家具，而应该选择具有透视感的家具，如开放式展示柜、带脚的家具、没有靠背的椅子等。

卡座下设收纳空间，存放客用的餐具等

卡座的坐垫面板可拆卸，下面就是收纳空间，收纳使用频率较低的客用餐具。而厨房中只摆放常用餐具。

村上直子常在家中召开研讨会或沙龙，所以要将餐厅最好的一面展示给客人。餐厅里绝不摆放多余的物品，装饰品也放在固定的位置，这样就打造出简约时尚的环境。

饭厅

集中收纳具有生活气息的物品及不常用物品

各类常用物品都有固定收纳场所，而不常用物品则集中收纳在储藏间

从重要文件到保温杯、厨房用品、洗漱用品，各种不常用物品都收纳于储藏间。另外关键的一点是，储藏间无须很大，以免浪费。

厨房

根据孩子们的行动路线收纳，便于他们帮忙做家务

粉末类干燥物装入能容纳一整袋分量的容器

这样既能装完一整袋，又能清楚掌握余量，从而减少过度囤积。

常用调料装入精致容器，再统一放在托盘里

盐、黑胡椒、砂糖等常用调料都放在台面上的托盘里，既便于使用及打扫，也增强了装饰感。

开放式厨房与餐厅、客厅相连，中间用村上亲手做的收纳柜作为隔断。正对面的墙面上涂上颜色，以吸引注意力，巧妙地避免关注台面。

根菜类食材放入铁丝框

根菜类食材可以常温保存在通风良好的铁丝框中。园艺用铁丝框与根菜类搭配很协调，再配以旧铁艺儿童椅，就能够成为家居空间中的一抹亮色。

使用频率低的材料收在抽屉里

粉类材料较重，适合收纳在抽屉里。储存方便，使用也方便。

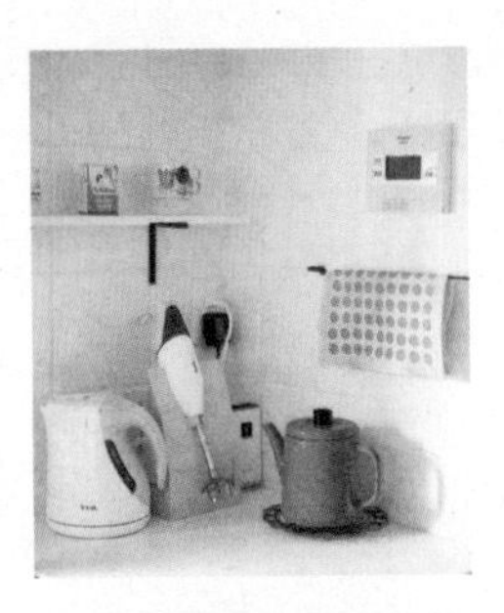

台面上的用具类要定好主色调

只要色调统一，形状、材质不同的物品摆放在一起也会很清爽、整洁。另外，定下主色调后，购物时的目标也会很明确。

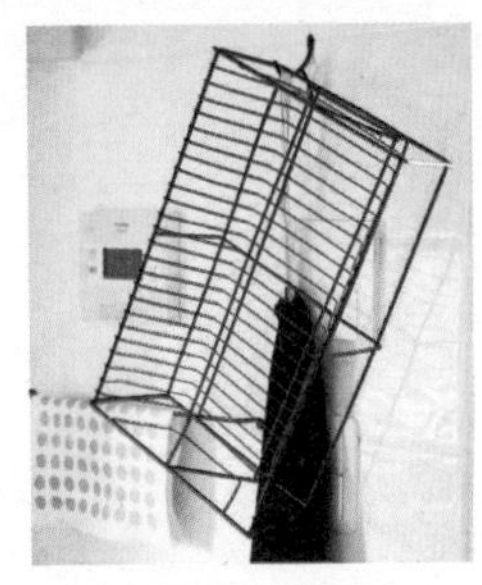

有限的空间可采用悬挂收纳

沥水器等不可或缺的物品在不使用时显得十分碍事，所以平时可以挂在墙上。

将咖啡器具放在编筐里，营造出咖啡厅的氛围

常用的咖啡器具套装放在餐柜的台面上，重点是用编筐摆出可爱的造型。

收纳家人常用餐具的餐边柜放在离餐厅最近的地方，微波炉、茶具等放在餐边柜上。

筷子及小碟子成套收在抽屉里，便于取用

餐边柜的抽屉里固定收纳筷子、刀叉及小碟子等。即便是客人也能轻松地取用餐具。

餐垫固定收纳在正好能放下的场所

在为了隐藏垃圾桶而制作的收纳柜中，有餐垫专用的收纳空间。尺寸刚刚好，所以整理起来也很轻松。

常用菜谱放在厨房

如果放在其他地方，不便于取用，收拾起来也费力，就很容易出现用完之后懒得收的现象。所以，物品放在使用场所附近是最基本的原则。

整理家的秘诀就是，根据家人的活动场所和行动路线设计固定的收纳场所。

客厅是孩子们小时候学习、玩耍的活动场所，所以要确保客厅里有收纳空间。活用便于挪动的收纳容器也是秘诀之一。打造清爽、整洁家居环境的关键在于建立良好的体系，所以在便于家人帮忙做家务的任何场所都要规划出收纳空间，不能一个人大包大揽，而要让家里的每个成员都参与进来。

在厨房靠近餐厅的一侧，用固定的空间收纳餐桌上的用品。物品收纳在易取用的固定场所，别人自然会乐意帮忙取放。

古旧斗柜改制成的鞋柜给访客营造了一种咖啡厅的错觉，斗柜的玻璃门后收纳着靴子等高度一致的鞋。

玄关

用适宜的鞋柜构建“展示型”玄关，展现家的精神面貌。

将外出时使用的物品“收纳在玄关处”

抽屉中收纳着外出使用的物品，除了擦鞋用具，还有学校的巡逻用品、便携拖鞋等。一回到家就能立刻收起来。

利用鞋托实现高效收纳

灵活运用市面上出售的收纳鞋托，在一双鞋的收纳空间里收纳两双鞋。

卫生间

将收纳变得时髦，不刻意隐藏，随用随取

由于卫生间里没有带门的收纳柜，所以就装了一个开放式的置物架，在收纳必需物品的同时兼顾装饰性。颜色低调，整个空间更显清爽、整洁。

将备用卫生纸放在柳条编筐里，再放在置物架上

可以选择带有内衬布的编筐，这样就无法一眼看清里面的东西。备用卫生纸要集中保存，只剩1卷时就及时补充。

孩子的房间

选择便于搬运且整理过程有趣的收纳容器

孩子是通过视觉来记忆的，选择颜色、形状都不一样的收纳箱，他们很容易就能记住收纳位置。在游戏结束后可以和孩子一起收拾。

床摆放在房间内的死角处

两个孩子的就寝区域主色调为蓝色，配色清爽、自然。另外还有一项原则就是，床上绝不放寝具以外的其他物品。

选择带提手的玩具型收纳箱，便于搬运

即使孩子养成了收纳的习惯，但如果收纳箱难以搬运，那也很可能懈怠，所以要选择带提手的收纳箱，便于从柜子中取出或放回原位。

进入房间第一眼便会看到的地方要注重装饰性

在与视线持平的地方安装置物架，展示心爱的物品。而收纳家具要选择抽屉式的，方便、简洁。白色铁皮桶中收纳着拼插玩具。

放在玻璃罐中，营造收藏品的感觉

男孩子格外喜欢收集小玩意儿，因此将零碎的小物件分门别类地收纳在玻璃罐中，这样孩子们就会乐于收拾。

桌椅要有透视感，桌面保持整洁

书桌上要保持空无一物的状态，孩子们一旦养成使用时才拿出来的习惯，不仅对收纳有利，对时间管理也很有好处。

玻璃瓶与白铁皮盒营造出杂货店般的可爱氛围

白铁皮盒里收纳着杯垫，玻璃瓶中收纳着钩织餐垫。将桌上常用的物品放入收纳小物，营造杂货店般可爱的气氛。

将大小不同的白铁皮盒重叠摆放，显得更为可爱。里面放着便笺等物品。

外观简洁，便于取用物品的开放式收纳架

架子上收纳着常用物品，如文具、外出包、餐厅用品等。拉大摆放距离，会给人清爽、整洁的印象。

Case 02 用北欧风格的收纳家具，打造咖啡厅般令人放松的房间

中岛家充满甜美的北欧风情，白色墙壁搭配浅蓝色收纳架，非常引人注目。木制的收纳架与墙壁置物架都是手工制品，上面摆着日用品及中岛的心爱小物，能令人感受到仿若咖啡厅的气氛。

虽然家里东西比较多，但是没有大型家具，并且选择了低调的颜色，所以看起来清爽、整洁。中岛非常爱用可爱的小筐及瓶子，不仅能够收纳零碎的物品，也能够充分发挥装饰性。

“我很喜欢各种小物件，常忍不住将它们装饰在各个地方，但是这样房间就会乱糟糟的。因此我十分留意开放式收纳与隐藏收纳的平衡，我很享受‘可爱型收纳’带给我的乐趣，它能令我心情愉悦。”

中岛会为家中的各个区域拍摄远距离照片，以此来检查各个区域是否有良好的平衡感及统一感。“这样做能够清楚地看到有待改进的地方，比如说这里稍显杂乱啦，那里的间距过大啦，等等。”

在整理妥当的空间里装饰上花、香氛蜡烛、家人的照片等，既可以增色，又可以营造出温馨的氛围。

中岛理绘（福冈县），2室1厅的租赁公寓，约56m^2，两口之家

中岛理绘

与丈夫、吉娃娃、波士顿梗犬和黑猫共同生活。爱好摄影，一共拥有10台相机，最喜欢拍摄宠物及可爱小物件。

选择小型家具，再配以相称的可爱收纳小物，这样16.5m²的客厅和餐厅就宽敞了。另配榉木靠背椅与实木教堂椅作餐椅，还配有具有收缩空间效果的黑色铁艺吊灯。

将颜色各异的书籍隐藏在挂帘后面

应季的小物与针线包都收在抽屉或收纳盒中，矮柜上还摆着家庭照片。用麻布挂帘将下层的书籍和杂志遮挡起来，这样就不会显得杂乱了。

客厅&饭厅

使展示物品与隐藏物品达到完美平衡，打造清爽、整洁的空间

中岛的“极简整理&收纳”3大原则

Rule 01

根据室内空间选择小型家具，不拥挤就显得宽敞。

靠背高、幅度宽的大件家具会给人压迫感。而选择适合小户型的家具，即使家里只有56m²，也能够留出大片空间，给人以宽敞的感觉。

Rule 02

展示量与隐藏量达到完美平衡，打造强大的收纳空间。

想让收纳兼具装饰性，就要在隐藏上面好好下功夫，这样空间才能具有整体性，收拾起来也很轻松。选择收纳器具的诀窍是，要与展示物品相配。

Rule 03

规划好用途和放置的场所等再购买，杜绝冲动和过度购买。

如果不愿意淘汰东西，那购买家具或小物时要非常慎重。尽可能具体地想象这件东西放在家里的情形，只购买确实必需的物品。

咖啡厅风格的手工置物架为装饰性大大加分，并可以开放式收纳调料与喜爱的餐具。这种“可爱型收纳”不仅有效地收纳了五花八门的物品，也营造出了和谐的气氛。选择低矮的餐具柜，可以克服空间狭小的缺陷。

刀叉类餐具分类放入小编筐，再收纳在抽屉中

刀叉类餐具种类繁多，一不小心就会七零八落、乱作一团，可以将它们分类放在三个小编筐内，这样也便于取收。

袋装烘焙原料放在编筐中，方便取用

轻便的编筐放在架子上也能随手取用，很轻松。

自制咖啡厅常见的趣致小角落，提升吧台的实用程度

将常用的调料与茶叶罐摆放在一起，提高收纳性能的同时，也可以遮挡视线。

宠物粮也放入玻璃密封罐保存，俏皮可爱

宠物粮的包装袋令人眼花缭乱，可以将其倒入简单质朴的玻璃密封罐中进行保存。余量也一目了然，能够清楚预知下次购买时间，既轻松又便利。

用收纳空间控制餐具数量

因喜欢粉引陶器的质感，正在收集各种粉引餐具，这些都是精心挑选的心爱之物，不过也会严格控制数量。

餐具专用擦巾放在吊篮中

将擦拭餐具用的擦巾放入吊篮中，在收纳的同时装饰性也达到满分。由于水槽上方的墙壁不能钉钉，所以就用粘钩挂上铁丝编筐。

厨房

置物架兼具收纳性能与装饰性，弥补了空间狭小的缺陷，且咖啡厅风格令烹饪充满乐趣

厨房收纳用具既满足收纳需求，也具有极高的装饰性

墙壁上的白色置物架是中岛自己动手安装的，上面放着她喜爱的马克杯及木制刀叉等物品。隔断式置物架上则收纳着精致可爱的烘焙原料，整个区域看起来如咖啡厅般令人愉悦。

玄关

将外出时必需的小物收纳在托盘和小碗里，既时尚又便捷

钥匙、手表、眼镜等外出时要带的小物件，固定放在玄关的小矮柜上。只放一个托盘有些散乱，再搭配一个放细碎物品的小碗就变得很整洁，还能营造出一种时髦的氛围。

办公空间

零碎物品放在抽屉中，再搭配上古典风格的家具，打造温馨的电脑区

将古旧缝纫机台与没有靠背的圆凳搭配在一起，就是完美的电脑桌椅。用原色麻布将无机质感强烈存的电脑屏幕盖住，使其与周围的色调协调一致。

将相机、电脑等相关物品收在抽屉里

白色小矮柜抽屉里面收纳着杂七杂八的东西，有相机、电脑相关物品等。相机是最常用的，因此放在搪瓷滤盆中，方便取用。

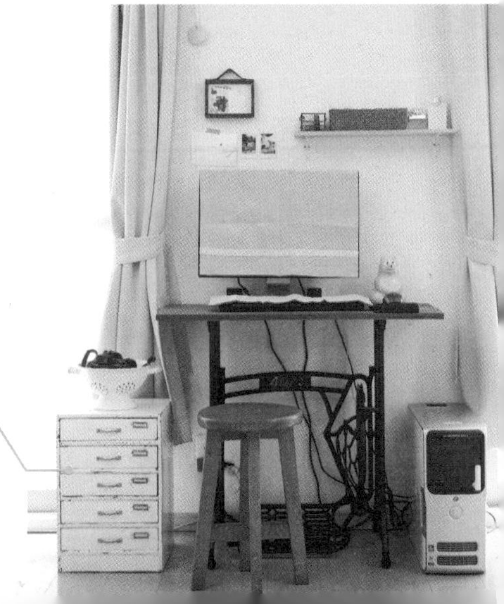

将早餐餐具放在浅编筐里，以便在忙碌的早晨快速准备早饭

将盛放面包的木盘与酸奶杯等餐具归拢到一处，只要取下编筐就能麻利地取盘装盘。这个小窍门能让你愉快地度过焦头烂额的早晨。

皮筋和高汤粉放在带盖子的编筐里，简洁、干净

将使用频率较低的物品收纳在带盖编筐里。选择大中小号编筐并按大小叠放，有均衡感编筐也可以放，不用时还可以将小号、中号收进大号里，节省空间。

开放式收纳常用调料及食材

在台面靠墙的置物架上收纳调料及干货，便捷实用。并采用“同款收纳”将相同外观的收纳器具并排摆放，美观有序。简约质朴的置物架能用在多种场所，洗脸池边也放置一个，用来放置毛巾。

在水槽上方增设便于使用的置物架

用不锈钢伸缩杆和白色木板自制置物架，再放上编筐和铝制托盘，分类收纳常用餐具及玻璃杯。

Case 03 选用实用性强的家具，尽量杜绝物品过剩

松家千绘（福冈县），3室1厅的租赁公寓，约60m²，三口之家

松家千绘

与从事外观设计的丈夫、两岁的女儿及两只爱犬共同生活。计划几年后搬家，所以现在过着极简生活，不购买、囤积多余物品。

为了能在家人问起时准确说明物品的位置，松家千绘将每种物品都固定位置收纳，以便家人快速拿到需要的物品。房间里的家具、物品统一选择白色、茶色等自然色，并用麻布遮挡略显杂乱的地方，这样家里不仅井井有条，还洋溢着温馨的气氛。

在享受收纳与室内设计带来的乐趣时，松家千绘感受到，将心爱的物品物尽其用，才是充实而幸福的生活。

她喜欢框架结构的置物架，设计越简单越好，既可以收纳餐具，也可以收纳衣物。即使因孩子的成长需要不得不改变生活方式，这些收纳器具也能继续使用。

根据这些原则挑选出来的物品，更贴近他们一家的生活，也让他们的家简约又舒适。

将零碎物品放入编筐、抽屉中，既整洁又利索

速溶咖啡、海苔等开封过的食品全部放在深编筐，让人看不到包装，平时再用麻布遮挡起来。因为深编筐带提手，便于拿到餐厅去。将茶包等小物品收在抽屉中。

将厨余垃圾袋放入小编篮，挂在水槽对面的墙上

挂在墙上的放有厨余垃圾袋的白桦编篮，放在水槽边，只要一转身就能拿到垃圾袋。切点心和面包用的砧板竖在墙边。米倒入广口玻璃密封罐里保存，放在这个位置正好可以不弯腰就量取。

厨房

开放式收纳常用物品，一招搞定整理

水槽一侧设置墙面置物架，确保烹饪空间。在水槽对面的一侧，则摆放着能将烤箱放在下层的收纳矮柜，可以收纳厨房用品及食材。

松家的“极简整理&收纳”3大原则

Rule 01

简约质朴的置物架和编筐等十分耐用，可以反复使用。

尽量避免购买餐具柜等用途单一的家具，应选用不挑剔放置场所、收纳物品的收纳家具。这样既能应对生活的变化，也不会增加多余的物品。

Rule 02

常用物品放在便于取用的位置上，采用开放式收纳。

为了轻松取用和整理，这是很关键的。尤其是厨房，通常都在忙碌的早晨和傍晚使用，所以一定要贯彻这项原则。

Rule 03

预留能临时收纳物品的空间，散乱的物品瞬间变整齐。

如果遇到客人突然造访或是没有时间整理的情况，可以将散乱的杂物暂时放进预先在每个房间准备的编筐中，这样立刻就能恢复整洁状态。

减少客厅零碎物品的数量，在收纳的同时起装饰作用

开放式置物架上的旧铁罐里收纳着购物小票等，搪瓷脸盆与带盖编筐里收纳着心爱的相机。在架子下面竖立排着白色书脊的杂志，而彩色书脊的杂志则摞起来放置，以统一色调。

靠近厨房的置物架放置餐具、水果酒及临时收纳用的编筐

这里收纳着晚餐餐具及客用餐具，同样形状、大小的餐具最多只购买4件，这是松家的原则。没有时间收拾时，就把零碎的物品放进架子下层的编筐里。

塑料制品收入编筐里，统一整体材质感

将女儿在幼儿园里使用的便当盒及水壶等塑料制品全部收入编筐。这样就不会破坏木制家具整体的自然氛围，取用整理起来也很方便。

用在同一方面的物品一并放入编织篮，方便搬运

去朋友家做客时，松家一般都会带一些点心。为了方便准备，她将包装袋与装饰胶带、小卡片全部收纳在这个编筐里，用的时候可以拎起来就走。

客厅&饭厅

划分厨房、客厅区域，将物品放在使用场所旁，且选用自然色

利用蛋糕模具及小筐在抽屉内完美分区

在餐桌的抽屉里，用蛋糕模具、小筐等分类收纳刀叉、筷子等餐具，有效利用空间。

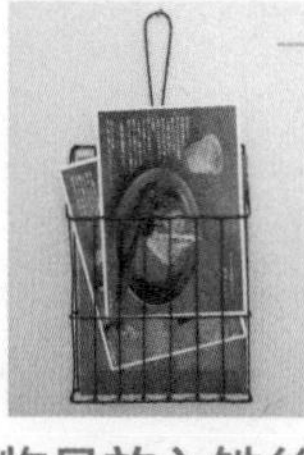

把物品放入铁丝编篓中，将必须做的事可视化

将铁丝编篓装在厨房门口的墙壁上，一眼就能看到，所以不怕忘记。

以凳子为分界点，右侧的置物架放置餐具、果酒等厨房相关用品，而左侧的置物架则放置在客厅，用来放置杂物、书籍等。餐桌搭配没有靠背的储物凳，不坐时可以收纳在桌子下面，不妨碍走动，空间也显得宽敞、舒适。

用复古铁皮面包箱和玻璃瓶收纳手工布艺材料

复古样式的面包箱里放着玻璃茶罐和空果酱瓶，用来收纳手工布艺材料，俏皮可爱。而且与整体氛围非常协调。

在客厅旁边的房间里，设置了孩子的活动区域。摆放着低矮的家具，铺着地垫，能够让女儿尽情玩耍。左侧电脑区的电脑等物品全部用麻布盖上，统一色调。尽量协调搭配家具与小物件的颜色、质感，打造气氛温馨的房间。

置物架分成上下两个区域，上面是大人专用区，下面是儿童专用区

左侧置物架上层放着手工布艺工具及用布遮住的缝纫机，下层放着女儿的绘本和玩具。玩具比较抢眼，所以要隐藏收纳进木箱或编筐。绘本颜色丰富、可爱，无须隐藏收纳。右侧是丈夫为女儿制作的厨房灶台玩具。

儿童活动空间

选用白色、米色为基调的温情收纳家具，突显女孩的可爱情怀

分类收纳文具与折纸，孩子也能轻松整理归位

桌子上的抽屉式收纳箱、编筐、马克杯分类收纳文具等物品。不要塞得太满，空间宽松些，取放也比较方便。

大号玩具收纳篮兼具临时收纳的作用

编筐里收纳着女儿的毛绒玩具。因为容量超大，所以也可以暂时收纳散乱的物品。

木箱再利用，变成孩子的绘画桌

女儿用的绘画桌曾是松家千绘娘家的神龛。桌子左侧放着大号玩具收纳篮，以便女儿自己整理玩具。墙上的展示搁板是点睛之笔，是松家千绘自己动手安装的。

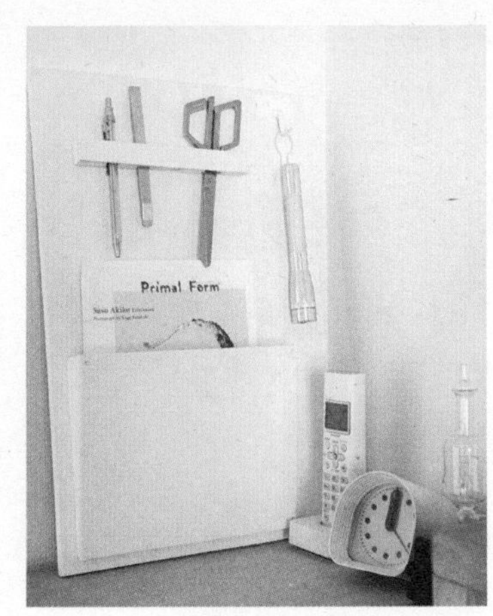

利用率超高的杂物收纳板

为了收纳剪刀、小手电筒等小物品，铃木智子制作了木制收纳板，再漆成白色。收纳板下面的口袋临时收存未读的信件。

层叠木箱自制置物柜，智能收纳家庭影院设备

根据家庭影院设备的尺寸制作长方形木箱，然后层叠成十分具有美感的置物柜。这样冷冰冰的家庭影院设备也能自然融入室内装饰中。由于木箱只是层叠放置，所以能够随心所欲地改变其组合方式，十分方便。

Case 04 控制尺寸的开放式收纳及“混搭型展示”，小户型也有大视野

铃木智子（东京），1室1厅的租赁公寓，约$40m^2$，两口之家

铃木智子

与丈夫和一只猫共同生活。原创珠宝品牌的主创者，曾从事设计行业相关工作。喜欢自驾游，放松心情。

铃木夫妻家虽然不大，但是房间整洁得惊人，其秘密就在于严格控制收纳家具的尺寸。

为了有效利用空间，铃木会一一测量房间、家具、物品的准确尺寸，然后设计家具布局。如果买不到尺寸合适的家具，就自己制作，如置物架等。

铃木家最引人注目的家具就是客厅和餐厅的“混搭型展示”置物架。日用品、实体艺术、书籍的组合搭配，弱化了收纳的感觉，变成了极具美感的区域。为了让狭小的空间更可爱一些，铃木将书籍、厨房小物品一起摆在开放式收纳架上，实际上这也节省了空间。

其实并不是简单地摆在一起，还需要统一色调，突出设计精美的物品，以取得平衡。这样，不仅是收纳架，连整体室内装饰都变得高雅、舒适了。

在电视机右侧的展示柜与左侧的置物柜之间架上L形木板，作为装饰搁板。在沙发后设置背板和收纳柜，分隔开客厅与厨房。

将红茶、香料等收纳在薄铁皮箱里

用薄铁皮箱搭配餐具柜，颜色及质感都不会突兀。也可以选择其他重量轻、好清理的收纳器具。在盒子外面贴上标签，这样所收纳物品就一目了然了。

让中性风格不锈钢餐具柜成为与厨房的隔断

壁挂式餐具柜没有挂在墙上，而是放在地上使用。将背板与地板钉在了一起，所以很稳固。常用的餐具、食材等整齐地摆放在柜子里。

客厅也收纳食材，不拘泥收纳场所，有效利用空间

窗边的古旧玻璃矮柜中收纳着面粉与干牛肝菌等，可以将这些漂亮的食材放在美观的玻璃瓶中贮存。编筐里是化妆品，也一起收纳在这里。物品都收纳在便用取用的地方。

客厅&饭厅

像拼图一样拼柜子，协调搭配喜欢的物品，让收纳变成快乐游戏

铃木的“极简整理&收纳”3大原则

Rule 01

准确测量家具及物品的尺寸，制定收纳计划，克服小户型缺陷。

仔细测量家具及物品的尺寸，考虑出完美的摆放位置，要让每个物品都能恰到好处地放进该放的位置。尺寸不合适时，就自己制作置物柜。

Rule 02

不拘泥放置场所，利用“混搭展示”节省空间。

可以将厨房里放不下的食材收纳在客厅里，也可以将锅、书籍开放式收纳在一起。找一些跳出常规范围的灵感，高效利用空间。

Rule 03

灵活运用抽屉和收纳箱收纳大部分的物品，避免杂乱。

开放式收纳柜搭配可隐藏物品的收纳箱、文件夹等，这样就可以将大部分物品收起来，避免杂乱。

将餐具、厨具、书籍等摆放在一起，混搭展示。开放式收纳柜的各个区域要分别统一色调，在一片沉稳的原木色中，红色、黄色搪瓷锅成了点睛之笔。为了使视线都集中到心爱的搪瓷锅上，铃木将柜子里的其他物品都统一为白色。

抹布放在随手就能用的地方

像实体艺术一般的白碗里面放着旧衣服剪成的抹布，一看到灰尘或污渍，立刻就可以拿起来打扫，很方便。

客厅&饭厅

不拘泥放置场所，各种物品自由收纳、装饰的“混搭型展示”

首饰放在超小号塑料密封袋里，防止打结及氧化

用木制印鉴收纳盒放平时常戴的首饰。先将首饰分别放进透明袋里，这样不仅可以防止打结及氧化，还能利用极小的空间保管多件首饰。

玻璃展示柜里稀松地摆放着毛巾及清洁用品，既是收纳也是装饰。颜色限定为白色、茶色、米色。卷成卷儿的毛巾和收纳清洁用品的茶色药瓶，整齐的摆放营造出整洁感。

浴室

完美隐藏生活气息，展示柜打造出家居用品店风格的浴室

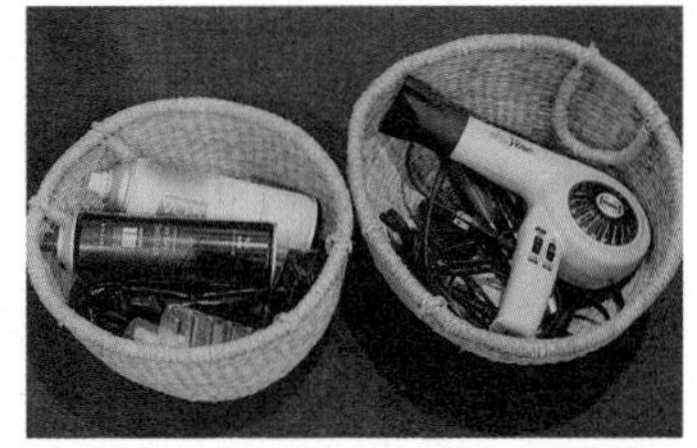

将吹风机、发胶藏在编筐里，驱散生活气息

玻璃展示柜顶上的编筐里收纳着吹风机、发胶等物品。其他杂乱的物品，也可以藏在这里。

将清洁用品收纳在茶色药瓶里

带颜色的瓶子里装着什么东西是看不清的，这样收纳显得很时尚。现在瓶子里装的是擦洗洗脸池的海绵及橡胶手套。

玄关

在鞋架上摆几盆小绿植，立刻变身为令人眼前一亮的一角

鞋柜里放不下高筒靴，铃木就做了一个靴子专用鞋架。摆上绿植与工具箱作装饰，洋溢着自然氛围。工具箱里放着做木工活儿要用的工具。

私人空间

资料分类放入文件收纳盒，点缀黑色小物品收缩空间

将合同、使用说明书等整理好后放入文件收纳盒中，盒子外面贴上标签，快速区分各类资料。在床与书架之间设置装饰性展示架，并安装床头灯。书架前摆放着收纳柜，零碎小物全都收纳其中。

客厅

选择天然材质的家具，给人整洁、宽敞的印象

温柔的阳光透过棉麻窗帘照在客厅里。严格挑选棉布及天然实木家具，并将基础色调统一为白色或灰色。地板是涂上天然涂料的松木，有年代久远的感觉。

Case 05 为每件物品找好固定位置，方便全家人使用

秦野伸（神奈川县），2室1厅的公寓，约70m²，四口之家

秦野伸

与丈夫、两个女儿共同生活。丈夫就职于建材商行。全家人住在约20年房龄的公寓里，内部经过翻新装修成了自己喜欢的样子。当全职妈妈之前曾就职于窗饰公司。

在以白色、灰色为基础色调的简约空间中，所有物品都井井有条。秦野家最令人瞩目的就是功能强大的收纳。

虽然喜欢整洁干净，但秦野很害怕收拾房间。不过，给物品规定好收纳位置之后，她也能轻松地将房间恢复原样。只要制定的原则不给人太大的压力，就不会被收拾房间困扰了。

常用的东西要在使用场所附近找好位置，这样易取易收。设在客厅里的儿童游乐区也同样规定好玩具的收纳位置，这样孩子们自己也能整理收纳，保持客厅的清爽整洁。

一般人都偏爱缤纷多彩的玩具型收纳箱，不过秦野却反其道而行之，选择了灰色收纳箱。它们自然地融入了冷色调、时髦的室内装饰中。秦野通过统一颜色、聚拢空间打造出完美的客厅，让家人舒适而惬意地生活。

儿童活动空间

完美平衡展示与隐藏，天然实木家具营造温馨氛围

客厅的一角设有孩子的游戏区。秦野亲手制作了收纳柜，搭配上购买的收纳盒。英国制壁纸是客厅的点睛之笔。

将彩色、零碎的玩具分类收纳在盒子里

拼插玩具、轨道玩具、毛绒玩具等分大中小三类收在纸盒中。为避免颜色太过杂乱，选择带有内衬布的小号收纳盒，方便孩子搬来搬去。

挑选玩具时，要选择安全性能好、结实耐玩的玩具，越简单越好。玩过家家的道具也同样，餐具要选陶瓷制的、餐垫要选木制的，力求和真正使用的餐具一样。过家家用的厨房灶台也是秦野自己制作的。

秦野的“极简整理&收纳”3大原则

Rule 01

颜色限定为白色、灰色、茶色，打造简约氛围。

限制颜色数量，并通过低调的颜色使开放式收纳也清爽、整洁。将彩色玩具等隐藏在收纳盒中，尽量减少房间里的色数。

Rule 02

为每件物品都找好指定位置，绝不超过可容纳数量。

即使是很容易变乱的场所，只要定下每件物品的指定位置，就能够快速收拾利索，物品也不容易超量。整体一目了然，也方便取用。

Rule 03

一定要选择耐用、质量好的儿童用品，不添置多余的物品。

选择高品质的耐用餐具和玩具，孩子长大后也能够继续使用，还能传给下一代，同时这也避免了添置多余的物品。

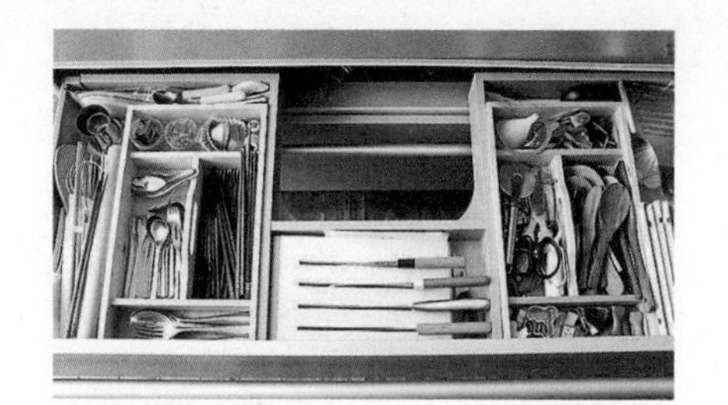

用托盘将抽屉分区，便于取放刀具与餐具

用专用托盘收纳菜刀与厨房用工具、餐具等，然后分区放在水槽下的抽屉里，一目了然，易取易收。

将锅、碗叠放，收纳在易取用的抽屉里

将锅、碗叠放在抽屉里，有效利用空间又便于取用。锅盖立在盘子架上。也可以将大米放在白色的密封容器里，收纳在水槽附近。

厨房

整面墙做成性能超群的收纳柜，餐具、厨用家电、垃圾箱全隐藏在门后

因为每天在厨房的时间较长，所以需要一个功能强大的厨房。整体嵌入墙面的收纳柜采用了隔断式推拉门，里面放着餐具、食材，以及微波炉、垃圾箱。柜子采用不锈钢材质既防水又耐用，色泽也招人喜欢，因此烹饪工具也统一采用不锈钢材质的。

餐厅

减少颜色及物品数，形成简约风格，利用墙贴和灯具突显可爱感

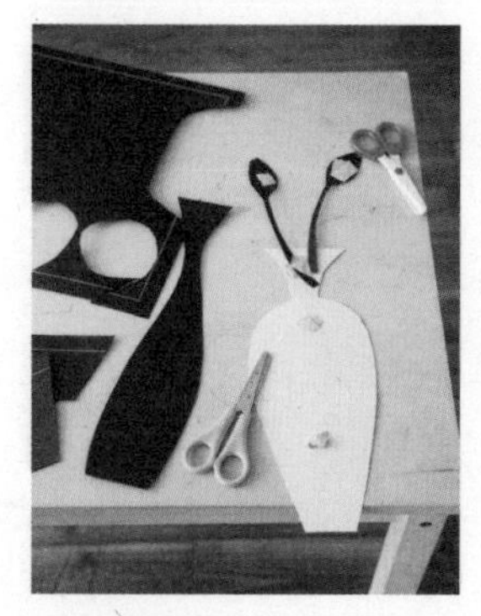

餐具与刀叉图案的餐厅墙贴是孩子们参考家居杂志做出来的。将黑色与白色的厚纸剪出形状，再用不会破坏墙漆的胶带牢牢贴在墙上。

餐厅也和客厅一样，尽量减少家具、物品的色数，枝形水晶吊灯及墙贴营造出雅致的氛围。作桌布的棉麻布不仅价格便宜，脏了还可以随便洗。

物品收纳在一目了然的地方，便于自己、家人、访客使用

墙面收纳柜深度较浅，只有45cm，方便取用，并且特意做成只要打开柜门全部物品就尽收眼底的样式。无论家人还是朋友，用着都十分方便。将微波炉的餐具等使用频率高的物品放置在中间柜子的中层。

选购能叠放的餐具，有效利用空间

西式餐具选择的都是设计简约、能够叠放收纳的款式。基本上都是每款4件，是按照家人的数量购买的。来客人时要派上用场的餐具一般每款备齐6件。每购买1件新餐具就要淘汰1件旧餐具，维持固定件数。

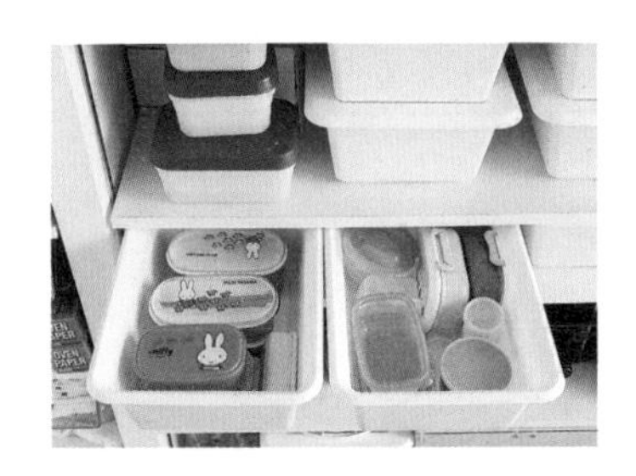

根据种类及使用频率，分别收纳在不同的收纳盒里

两用收纳盒非常好用，既可以盖上盖子使用，也可以不盖盖子使用。食材等需要防尘的东西盖上盖子来收纳，密封容器或便当盒等常用物品就不用盖上盖子来收纳，取用很方便。

将消耗品分类收在不同场所，便于掌握余量

抹布、橡皮筋、夹子等消耗品要固定好收纳位置，这样不容易过度囤积。带分区的抽屉式收纳盒可以收纳各种尺寸的物品，很好整理，取放也很轻松。

将常用物品、不常用物品分开收纳

将常看的书刊及资料收在文件收纳盒里，放在开放式置物柜上。将打印机的墨盒等耗材及保存的信件等不常用物品收在纸制收纳箱里，放在书桌下面。根据使用频率分类，能够很方便地取放常用物品。

上层大人用，下层孩子用

孩子也能轻松取放文件的柜子下面四层里，放着装有彩色铅笔、彩纸等物品的收纳盒，孩子们可以随拿随用。文件柜上面两层里则放着大人用的剪刀等文具。

设在客厅兼餐厅一角的工作区也统一为白色、灰色调。使用说明书、资料、食谱等分类收纳在浅灰色文件收纳盒中。

工作空间

灰色收纳盒能将资料及色、形相差极大的物品一并收纳，清爽整洁

秦野家的收纳能够让你一眼就看到什么东西放在哪里、有多少，易取易收。无论谁来了都能方便地使用，功能性非常强。

收纳的秘诀之一就是，将常用物品与暂存物品分类。暂存物品一并放入大盒子里，每年都重新整理一次。

秦野正准备减少、淘汰没用的物品，现在她的观念是，无论物品还是收纳，既实用又美观才是最好的。这种观念也在她挑选儿童用品时贯彻始终。

秦野说："儿童时期使用的物品会成为她长大后的基准。因此我认为，孩子应该用品质最好、最耐用的东西，以便培养她的美感和品味。"

极简主义生活的精髓就是选择品质上乘、真心喜爱的物品，多年使用以培养惜物的好习惯，杜绝囤积多余的物品。

玄关

舍弃嵌入式收纳，选择孩子也能方便使用的开放式收纳

减少鞋子数量，增加玄关展示空间

鞋架的搁板是可以增减的，所以淘汰不穿的鞋子后就可以拆掉一块搁板，增加展示空间，摆放上果实、鲜花、香氛蜡烛，再将摄影作品月历镶框挂在墙上。

姐姐穿小了的鞋子每两双放在一个收纳盒里

姐姐穿小了的鞋子，在妹妹能穿之前暂时保存在收纳盒中。使用频率较低的外出鞋也放在收纳盒里。常穿的鞋则放在开放式鞋架上，易取易收。

秦野拆除了原有的嵌入式鞋柜，制作了活动式鞋架。根据鞋子及鞋盒的高度制作鞋架，不会浪费空间，再灵活运用收纳盒，看起来非常整洁。开放式鞋架的优点之一就是，孩子也能方便地取放鞋子。将长筒靴和雨靴放在木框里，进行展示型收纳。

“孩子应该用品质最好、最耐用的东西”

秦野姐姐家转让的积木

德国产木制积木转让自秦野姐姐家，目前姐妹两人都非常喜欢。秦野和姐姐说好，等姐姐最小的孩子可以玩积木时，再把积木还给姐姐。

姨妈缝制的天然材质童装

秦野中意的童装大部分都是姨妈的手作。只要把布料和纸样给她，就能做出来。

作生日礼物的漆碗出自大家之手

想让孩子们从小使用长大后也能用的物品，因此秦野从孩子们两岁生日开始每隔一年就会买一个漆碗送给她们。这套作品是大中小三个碗组成的，所以等到孩子六岁时就能集齐一套了。

将自己喜爱的绘本留给孩子们

秦野小时候的绘本，父母都小心地保管着，现在，自己的孩子也很喜欢。这几本是母女三人最喜欢的。

被钟爱的家具与小物件所围绕的清爽而整洁的家居空间。餐厅里的收纳柜是英式复古风格，与视线持平的那一层总是开着，作展示柜用。

Case 06 区分展示物品与收纳物品，展示心爱小物，使其融入家居设计

小川明子（神奈川县），4室1厅的公寓，约99m²，三口之家

小川明子

与丈夫、上小学的女儿共同生活。和女儿去芬兰旅行过两次，第二次去的时候已经能够游刃有余地穿梭在当地的跳蚤市场。

小川明子从高中起就非常喜欢小物件和家居设计，最喜欢的就是有年代感的物品和样式耐人寻味的东西。而迷上北欧风则始于婚后看极光的芬兰之旅。

北欧家具、小物件的原木质感、简约质朴的设计，都是年代越久远越有味道，这让夫妻俩深深地着了迷。

于是小川家的家居设计就走了北欧风路线，小川认为暴露在视线里的地方更适合做展示。她也完全按照这种思路来设计，室内完全看不到带有生活气息的物品，简直像进入了北欧的杂货店一般。

嵌入式收纳家具彻底隐藏收纳了全部日常用品、资料等。客厅兼餐厅里的嵌入式收纳柜中，还放有每个人的临时置物收纳篮，整理不了的物品可以暂时放入篮中。

明确物品的收纳位置，让家人一起遵守“物归原处”的基本原则，这样就能保持室内整洁、清爽，连桌子上也不会堆积物品。

古旧缝纫机作电脑桌，并用盖布遮挡打印机

餐厅里的缝纫机年代久远，是小川的奶奶传下来的，现在上面放着笔记本电脑。缝纫机左侧的盖布下放着打印机。

将需要便于取用的文具放在旧木盒中

木制卡片收纳盒中放有剪刀、胶水等文具。迷你托特包里面放着购物小票，每隔一段时间清理一次。

客厅里放着家具大师瓦格纳设计的沙发，以及复古风格的缝纫机。统一木头的颜色，给人清爽、简约的感觉。

彩色玻璃藏品做展示型收纳

玻璃展示柜里放的都是彩色玻璃餐具。将展示柜放在窗前，阳光就能穿透柜子，更能突显玻璃的美。

宽松摆放精心挑选的小物，打扫或变换位置都乐趣无穷

摆满装饰小物的复古风吊线置物架，是客厅里的亮点。每周都清洁一次所有展品，且换季时会重新排列位置，保持美观。

客厅&餐厅

家具、小物件颜色要统一，用盖布或收纳盒使颜色不统一的物品融入周围空间

小川的“极简整理&收纳”3大原则

Rule 01

显眼处的物品要统一颜色及材质，使整体清爽、整洁。

除了作为点睛之笔的展示物品，其他物品全都要统一颜色及材质，使其与四周的空间融为一体。日常生活用品及资料要进行隐藏收纳。

Rule 02

明确物品的收纳位置，让家人都遵守“物归原处”的原则。

散乱的物品和暂时用不上的装饰小物也要找好收纳场所。还有一项重要原则就是，绝对不要把东西放在桌子或是餐吧台上就不管了。

Rule 03

心爱小物件收纳在看不见的地方，也要重视美观性。

将心爱的小物及餐具等收纳在抽屉或柜子里时，也要整齐、美观地摆放，这样在打开抽屉或是拉开柜门时心情顿时就会变得愉悦。

餐厅

分开摆放心爱的餐具与普通餐具，按照材质与色系美观地收纳

在收纳时，除了总是打开的从上往下数第2层，小川也很注重其他层的美观性。在摆放心爱餐具的同时，也收纳了普通餐具，两者是分开摆放的。左侧套几上的盆里放着孩子的零食，旁边的小筐里则放着杯垫。吧台上放有冰桶，可以冰镇红酒，用来插花也别具一格。

第1层 收纳客用餐具，与家人使用的餐具区分开。

第2层 收纳木制菜勺等，从餐厅过来取放方便。

第3层 收纳筷架和小碟子，造型都非常可爱。采购过程也很愉快。

第4层 收纳滤茶器等物品，材质仅限于木制与不锈钢制品。

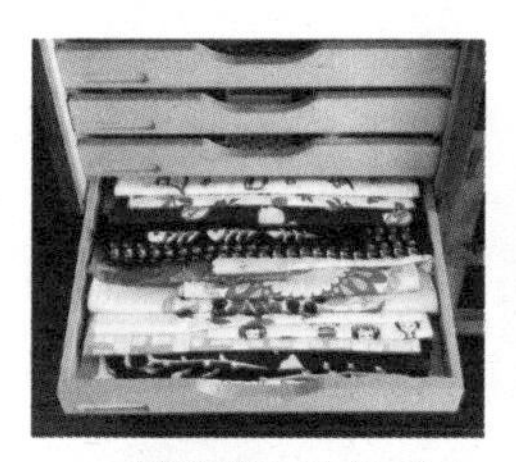

第5层 收纳单人用餐垫与盖布，叠放整齐，以便选用。

第6层 烛台放在外面很容易落灰，所以也收纳在抽屉里。

第7层 将成盒购买的小蜡烛等拆去包装，码放在这一层。

拉开抽屉，看到展品般的收纳，瞬间心情大好

复古风的木制文件柜的抽屉一拉，就能看到心爱的餐具和其他物品。在抽屉底部铺上花色不同的棉布，使餐具看起来更为精致、讲究。

厨房

除了茶叶、厨具、水壶、饭桶，其他物品都收入柜子里，不放在台面上

将水壶、厨具等常用物品放在使用场所旁，尽量摆放美观

烧水壶、广口水罐等，全部统一为不锈钢材质放在方便拿取的地方。台面上的厨具也要统一颜色和材质。

将随时要用的茶叶等物品开放式收纳在红酒箱改造的小架子上

将废弃的红酒箱竖立摆放在台面上，它就立刻变成了小置物架。除了茶叶和咖啡滤纸，架子上还摆放着装有洗碗机专用洗涤剂的质朴容器。饭桶也放在台面上，以便于干燥。

白色矮柜是垃圾箱。挂在它后方的环保袋是装可回收垃圾的。垃圾箱上的托盘中放有护手霜等，在处理完垃圾洗手后立刻就可以取用，十分方便。

儿童房间

在孩子的不同成长阶段循环活用收纳箱、收纳篮，同时兼顾可爱度

女儿的房间里，物品全部摆放在她能够拿到的高度。给废弃的红酒箱装上滚轮就可以作收纳箱，推进拉出很方便，里面收纳着绘画用具等。女儿的手工作品装饰在墙壁上，非常可爱。

将闲置小物变身为超级可爱的装饰品

忍不住买下的小杂货，除了沉睡在抽屉深处，似乎很难有更好的命运了。不过只要稍做加工，将它们夹在带有夹子的悬挂物上，就能做成装饰品，这个小设计深得女儿的欢心。

一家三口都睡在日式房间里，所以房间里尽量少摆放家具，只摆放了小矮柜及椅子等方便搬动的家具，看起来十分清爽整洁。小矮柜下方的收纳篮中放有女儿的学习用具。

日式房间

日式房间只放轻便小矮柜和椅子，清爽且能够灵活使用房间

便于移动的小矮柜，里面放有文具、药品、指甲刀等日常生活用品

小矮柜的抽屉中放着文具及常用药品等零零碎碎的物品。这间日式房间既是会客间，也是卧室，所以选择了方便移动的家具。

储藏室

保持客厅美观的秘诀就在于储物间，只要将物品整理好，就能充分享受换新的乐趣

古老的升中，收纳着过年的杂货

十二生肖小摆件、漆器杯子等过年时要用的杂货都汇集在这里。这件年代久远的升既可以作收纳盒，也可以用展示盒。

传统杂物放在木制收纳盒里

民间工艺品很有人情味儿，所以小川每到冬天就很想把这些工艺品摆出来。

新婚时的餐具柜现在放在储物间，用来收纳小杂物、室内设计相关书籍等。多亏有储物间才能交替展示各种装饰小物。

毛线类及圣诞节等秋冬小物品放在一个收纳篮中

只要给动物摆件围上一条小围巾或是戴上一顶小帽子，就能营造出秋冬的气氛。通过改变小物的样式就能突出季节感，连访客都夸赞这个创意十分有趣。

收纳篮里放上颜色及材质能联想到春夏的小物

将颜色清新、材质清凉的春夏小物放在收纳篮中，就能够拿着收纳篮随处移动，换新也十分方便，操作起来很有趣。

其实，小川家以前也曾摆满了装饰品，但那时从没有人夸赞过房间好看。没想到精简装饰小物品后，朋友们纷纷夸赞房间很漂亮。

从那以后，小川就很注意控制装饰小物品的数量，不摆在外面的东西就分类收纳在储物间里，并且时常变换房间的陈设。这样一来效果出奇地好，既能展示自己的心爱小物品，又能保持房间整洁、清爽，实现了二者的统一。

将大米贮存在密封玻璃容器中，兼具装饰作用

每天都亲自下厨为两个儿子做早饭和晚饭，所以对大米进行“展示型收纳”是最便利的。用来贮存大米的玻璃容器造型质朴。

看似随意地展示形态优美的厨房用具

铸铁壶与咖啡豆研磨机都是婆婆家传下来的，虽然现在已经不能再使用，但看起来依然赏心悦目。日常用品充满功能美，错落有致地摆放，更能突显其优美的形态。

将常用的玻璃杯倒扣在藤编托盘里

小抽屉柜曾用做花几，非常耐看，现在上面整齐地码放着玻璃杯，营造出咖啡厅般的氛围。因为洗碗机就放在它的正对面，所以收纳起来很轻松。冰箱离得也很近，拿取饮料也方便。

开放式收纳让你随时享受悠闲咖啡时间

在意式浓缩胶囊咖啡机上备好咖啡杯，这样还可以利用机器运转时产生的热量加热咖啡杯。将咖啡胶囊按种类分别贮存在旁边的玻璃容器里。

Case 07 隐藏收纳为基础，点缀常用物品及心爱小物

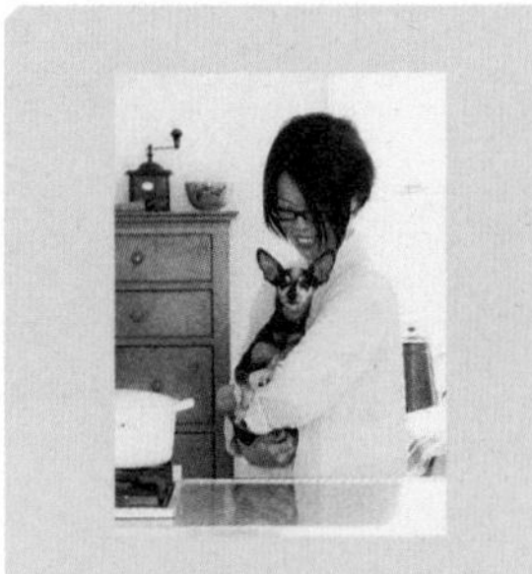

I

一起经营美容院的I夫妻与两个儿子共同生活，大儿子已经工作，小儿子在读高中。周末I会带着爱犬一起去宠物咖啡厅。有时也会请朋友来家里，开办面包烘焙学堂。

I（东京），3室1厅的独栋住宅，约50m²，四口之家

不锈钢橱柜配上年代久远的木制家具，为餐厅兼厨房营造出高雅的氛围。I家的收纳家具都是用了很多年的，比如餐桌，以前曾是儿子的书桌。在购买时I就考虑到，书桌很快就用不上了，正好可以再作餐桌用，所以选择了实木的桌子。

刚搬来的时候I就打算好好利用原有的东西，所以一方面继续使用心爱的家具，一方面果断淘汰用不上的物品。东西变少，空间整洁后，心情也随之变好，自然就不想囤积物品了。

I的原则是，粗略的隐藏收纳，不对收纳空间进行细分。多亏了这项原则，她才能既兼顾主妇的职责与美容师的工作，又能轻松享受满意的家居空间。I的家不但让朋友们流连忘返，就连时光都悠闲地在此驻足。

实木餐桌曾是儿子的书桌，深色调为空间带来了温暖的感觉。I用杂志上剪下来的美食照片做成的拼贴画，是厨房的点睛之笔。用照片做装饰很难拿捏，但美食有种温暖的色彩，能很好地融入厨房的氛围。

饭厅&厨房

展现不锈钢橱柜与木制家具的混搭之美，错落陈设充满功能美的心爱小物品

I的“极简整理&收纳”3大原则

Rule 01

巧妙搭配不锈钢橱柜与木制家具，打造出既实用又舒适的空间。

不锈钢橱柜带有一种餐厅后厨专用的专业感，再搭配上经过长年使用而独具风情的木制家具，就能打造出功能强大且富有人情味的家居空间。

Rule 02

即使改变了生活方式，也可以重新设计现有家具和物品的用途。

可以根据住宅及生活方式不断改变心爱小物品的使用方式。关键在于，购买时要选择功能不受限、设计简约的物品。

Rule 03

预留收纳无用物品的空间，以便淘汰没用的物品。

将用不上的物品集中保存在抽屉等固定场所，即使一时不能下决心扔掉，也准备好随时淘汰。

厨房

将物品量保持在可控范围内，使厨房空间适合愉悦地烹饪

餐具分类收在编篮中，方便移动

这样不仅美观，取放也很方便，可以说是一举两得。包括客用在内，每种餐具准备了10件，这个数量是在可控范围内的。

将厨用家电及用具放在餐桌位置看不到的地方

将收纳性能强大的置物架摆放在烹饪时随手就能拿到的位置上。最上层的收纳篮里面放着摔不坏的物品，如大麦茶茶壶、密封盒等。珐琅铸铁锅不仅能够烹饪出美味，颜色也十分可爱，能够提升愉悦感。

小巧精致的园艺铁桶收纳小零食

将零食随意地收纳在曾用作花盆的白铁皮桶里。可以用盖布遮挡令人眼花缭乱的包装袋。在桶后面，隐藏着晾水的锅和锅盖。

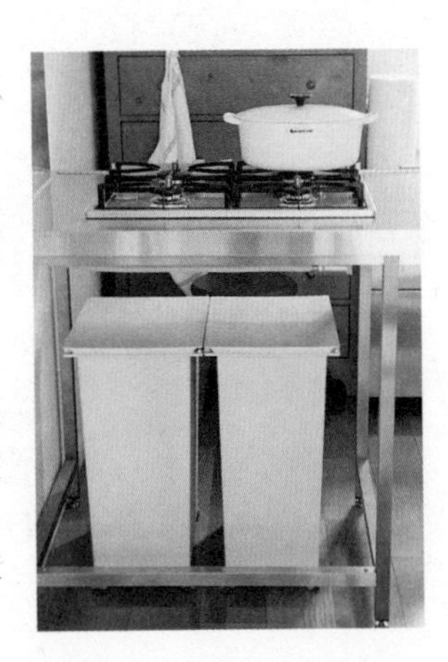

选择能够融入周围空间、设计简约的垃圾箱

垃圾箱无论外观还是用色都十分低调。即使从餐厅看过来，也毫无突兀感。垃圾袋固定收纳在垃圾箱下面。

两个木制斗柜曾用作衣柜，现在与不锈钢抽屉柜一起靠墙并排摆放着。不锈钢抽屉柜还可以推到橱柜下面隐藏起来，橱柜除了在烹饪时使用，还有很多用途，比如加个椅子就变成了书桌，还可以作为小餐桌。

活用旧衣柜收纳餐具，拉开抽屉一目了然，方便选择

高的柜子中收纳着心爱的餐具等。绝大部分厨房用具都放在抽屉里。柜子的收纳性能很强，将相同款式的餐具叠放，易取易收。还有一个抽屉专门收纳暂时没有下定决心扔掉的无用物品。

将食用油等带有强烈生活气息的物品隐藏在后面

食用油一类的物品放在台面上比较方便使用，为了防止滴油、漏油，可以将它们放在纸制的蛋糕模具上，再用厨房纸巾挡住，自然地隔断视线。其他调料则放入冰箱保存。

将用具收入抽屉，以确保足够的烹饪空间

将盆、锅等体积较大的物品收纳在不锈钢柜的抽屉里，时刻保持台面整洁。此外，不锈钢抽屉柜的台面也可以用作揉面的操作台。

一个抽屉只收纳一类物品，便于使用

正对水槽的木制矮柜的抽屉里，分类收纳着各种零碎小物，如超市塑料购物袋、食材、保鲜膜等。厨房常用的药品也收纳在这里。收纳时，随手放在抽屉里就可以。因为各个物品的收纳位置都是固定的，所以一下子就能够找到必需物品。

Case 08 用古旧好用的家具分隔房间，增加收纳空间，增添温暖氛围

三好恭子（大阪），3室的公寓，约68m²，三口之家

三好恭子

与丈夫、女儿共同生活，夫妻二人一同经营餐厅。为便于生活忙碌的家人取用而改善了收纳。一家人居住在翻新的二手公寓中。

“我很喜欢年代久远的家具，它们质感温暖，尤其是那种过去办事处用的木制家具和小抽屉柜，都是我的心爱之物。”三好恭子说，“它们虽然旧，但全都保养得很好，用起来也非常称手。”

三好家的餐厅兼厨房大约13.2m²，木制家具在这里大显身手。它们不仅被用作隔断、收纳器具，还被当作操作台面。三好是在思考如何摆放心爱的家具时，不经意间想到用收纳家具作隔断的。这样不但增加了收纳空间，而且可以把物品收纳在使用场所附近，缩短了行动的距离。而且将餐厅兼厨房分隔成烹饪区和用餐区，打扫起来十分方便。

三好一方面将手工制餐具、手工制家具进行展示型收纳；另一方面坚持在餐桌旁、沙发旁等位置留出空间，打造张弛有序的起居环境。这样即使物品较多，也能让房间看起来很宽敞。

餐厅&厨房

用低矮家具分隔开用餐区和烹饪区，既增加了收纳容量及操作台面积，又能轻松打扫

餐厅兼厨房带有朝南的阳台及朝西的窗户，采光非常好。木制家具并列摆放在一起，充当餐厅与厨房的隔断。不仅扩大了收纳空间，柜子的台面还可以作烹饪时的操作台，十分便利。

三好的“极简整理&收纳”3大原则

Rule 01

用收纳家具分隔区域，并将物品归纳到一处，便于整理、收拾。

利用收纳家具把房间按功能分区，如厨房区与餐厅区、客厅区与阅读区等。将物品收纳在使用场所附近，以便取用。

Rule 02

留出一些空白，打造错落有致的空间。

餐桌旁和沙发旁尽可能不摆放家具及物品，这样显得宽敞、明亮。空间带有层次感，即便物品较多也能给人清爽、整洁的印象。

Rule 03

使用手工制旧家具，用的时间越长越有味道。

木制家具、编筐等都是工匠用心制作出来的，即使随手摆放也能完美地融入环境，完全不突兀。这样的物品用多久也不会厌倦，且极为耐用，还能杜绝物品过剩。

精选样式美观的常用厨具及密封玻璃瓶，进行展示型收纳

厨具要选可以展示的美观款式，立着放或是挂起来，这样易取易收。将干货及茶叶等放入密封玻璃瓶中保存，这样也不会出现忘记使用，导致物品过期的情况。橱柜前挂着的编织袋中，放有垃圾袋。

利用多抽屉的家具将零碎的厨房小物整理得井井有条

作隔断的二手矮柜有15个抽屉，能够分类收纳各种厨房小用品，非常方便。麻布巾类物品与餐具、便当盒等分得清清楚楚，易取易收。右边矮柜的门里收纳着锅类用具。

常用餐具放在开放式收纳架上，便于取用，并用手工制作的旧家具提升质感

开放式收纳架上摆放着三好心爱的餐具。陶器在使用前会用水冲洗一下，用完洗净后再放入竹篮中控水。

厨房

用白色和米色统一整体色调，用手工制旧家具增添温暖

三好家到处都摆放着手工制用品和旧家具，都是工匠们一点一滴做出来的，使用时间越长，色泽越深沉、看起来越有味道。

机器大批量生产出来的物品，在全新时是最漂亮的，随着时间流逝则逐渐变得陈旧、黯淡。

然而，手工制品越旧越具美感。因此，三好很少买新的东西。她想欣赏手工制品颜色和质感的变化，用心地使用现有的东西，爱物惜物。

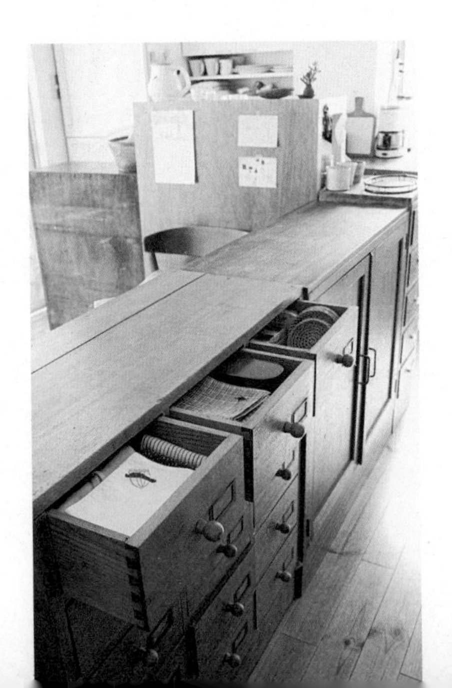

工作室

用家具隔断房间，半边空间作工作室兼储物室

做某件事所需的物品集中收纳在一个地方，以便流畅地操作

这个区域是专门泡茶和准备早餐面包的地方。将早餐用的马克杯与盘子摆放在烤面包机正上方的隔板上，这样就能方便地将烤好的面包盛放在盘子里。带门的柜子里则收纳着客用茶杯、茶托，以及盛放点心及蛋糕的盘子。

牛皮纸文件夹、牛皮纸收纳盒中放有资料等物品，桌子上的迷你抽屉柜中收纳着文具、邮票等零碎的东西。颜色与质感全都是统一的。房间的另一半是女儿的儿童房。

亲手做的梅子酒放在开放式收纳架上，便于查看发酵状态

三好每年都会自制梅子酒和梅子汁，而盛放它们的玻璃瓶就放在开放式收纳架上，随时都能观察发酵状态。架子最上面的一层是可以随机使用的空间，比如有客人到访的日子，这一层就用来摆放待客用的玻璃杯及点心盘等物品。

架子按用途分区，上半部分作为展示区，下半部分作收纳空间

开放式收纳架的上面两层作为展示区，摆放着在巴黎的跳蚤市场上买到的旧物件、巴黎著名画廊的设计手册、在海边度假时捡到的贝壳等具有纪念意义的物品，色调一致。架子的最下面一层，插画的画框后，藏有空点心罐和花瓶。

客厅一角用书架作隔断，便成了隐秘的阅读区

在这里摆上一把靠背椅，就变成了读书角。右手边的书架兼具隔断作用，是考虑到牢固程度而购买的成品。左手边的书架是在红酒箱上架上木板自制成的，制作方法是将红酒箱放在中间，左右两端各支一块与红酒箱等高的木板，再在上面架一条长木板，或是左右两端各放一个红酒箱，再架上长木板。

客厅

客厅分为沙发区和阅读区，可以根据心情选择消磨时间的方式，是令人放松的空间

多亏了兼具隔断作用的书架，从客厅、餐厅、厨房看过来完全看不到书，沙发周围也空荡荡的，显得很宽敞。书架背面贴有颜色明亮的胶合板，还挂有印度棉纱作装饰，具有收缩空间的作用。

PART 3

过剩物品淘汰法

在开始整理之前，首先要“做减法”，这才是最重要的！在这一章里，美形收纳顾问草间雅子将改造M女士的家，为她解决物品过剩导致房间变成“置物间”的困扰。草间雅子将展示对各种房子都有效的“做减法”的魔力！

01 M的苦恼

3室1厅的公寓已经有两个房间都沦为“置物间”了！衣物和玩具多得没有地方放，日式房间和儿童房完全丧失了功能！

苦恼1 夫妻二人的衣物过多，房间充满压迫感！

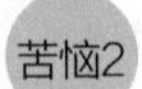
苦恼2 玩具太多，日式房间无法使用！

苦恼3 物品过剩，儿童房沦为置物间！

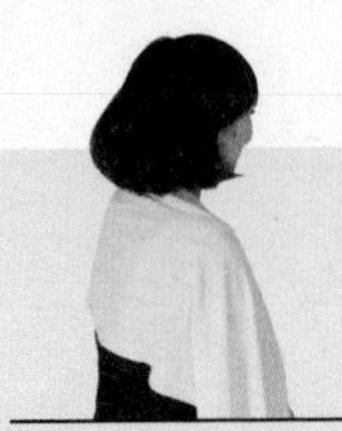

苦恼的委托人
M

与丈夫、儿子共同生活在东京。学生时代曾赴美留学，因此十分偏爱东西方风格相融合的家装设计。每逢万圣节和圣诞节，都会布置、装饰房子，并以此为乐趣。

美形收纳顾问
草间雅子

从事秘书工作时对收纳产生了兴趣，进修了收纳学、色彩意象理论之后，经过不断的实践、钻研，逐渐掌握了一套独特的“美形收纳”技巧。

M家的现状

M家是房龄9年的公寓，使用面积在$80m^2$以上，嵌入式收纳的空间也十分充足。

儿童房的衣柜塞满了夫妻俩的衣服

这个房间作为儿童房之前，衣柜中已经塞满了大人的衣物。现在孩子的衣物只能收在衣柜下层的透明收纳箱里。

日式房间堆满玩具而无法使用

日式房间里摆放着漂亮的中式家具，但却因为榻榻米上摆满了孩子的玩具，而给人一种杂乱的印象。左手边的壁橱也被玩具挡住了，用起来很费劲。

客厅兼餐厅统一使用现代风格家具

客厅兼餐厅里摆放着专门定制的沙发和现代风格的餐桌椅，洋溢着优雅的气息。这使与其相邻的日式房间显得更为糟糕。

已经彻底沦为“置物间”的儿童房

用不上又舍不得扔的东西都放在这个房间里，地板上、窗前的沙发、左手边的书桌已经完全被各种各样的东西淹没了。连窗户都很难打开。

Check! 收纳菜鸟的问题

日式房间

最明显的问题就是将物品直接放在地上，十分占用空间

虽然物品整齐地分类，但直接放在地上占用了大部分空间，对美观性也有很大影响。

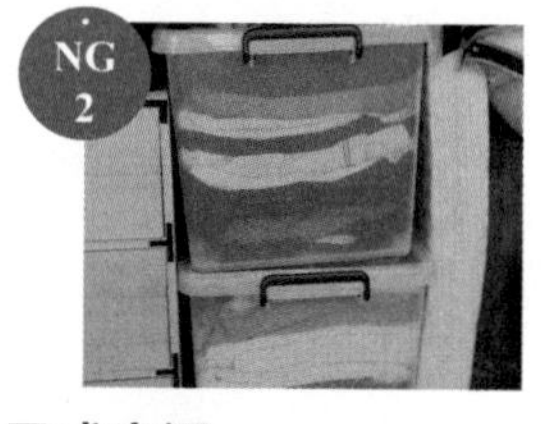

日式房间

物品放进带盖透明收纳箱就很难拿出来

想取出箱子里的物品，需要两个步骤：先从壁橱里拿出箱子，再打开盖子。不方便拿取，逐渐导致箱子里的物品不被使用。

日式房间

难得的展示空间，魅力也减半

中式桌案上摆放着大量友人赠送的小物品。在专门展示的区域，摆放着很多格格不入的物品，实在是太可惜了！

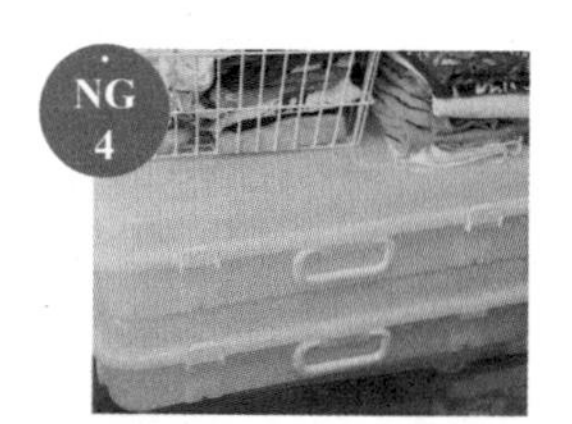

儿童房

迟迟不处理已经用不上的收纳箱

这些空置的收纳箱不仅没用，还占用地方。

儿童房

用纸箱收纳，容易弄不清里面的物品

如果需要将物品暂存入纸箱，至少要在箱外贴标签注明所装物品，不然这些物品很容易被忽视。

儿童房

不贴标签，特意准备的收纳盒也形同虚设

为收纳书籍而特意购买了收纳盒，但没贴标签，现在完全不清楚每个盒子里装有什么书，更无法立刻取用。

房间轻易被各种物品占领，首先就要给物品“做减法”

刚搬到这座新公寓时，M十分热衷于家装设计，甚至请设计师做整体设计、搭配家具及窗帘。然而七年来，M忙于怀孕、生产、育儿以及每天的家务、杂事，家里的日式房间也放满了玩具，儿童房处于闲置状态。明年春天孩子就要上小学了，时间紧迫，在那之前必须把房间整理出来。

因此，M请美形收纳顾问草间雅子帮助她给物品做减法，教授她好用的收纳术等，以改善房间的状态。

草间雅子告诉她，首先要重新给物品规定好固定的收纳位置，与此同时，想整理好两个房间的物品必须“做减法”，秘诀就在于从最容易出效果、量最多的物品下手。因此首先要着手整理M的衣物。

02 5项操作步骤

给过剩物品做减法，需要5个步骤。概括而言，就是按照数量从多到少的顺序，重新审视房间的物品。

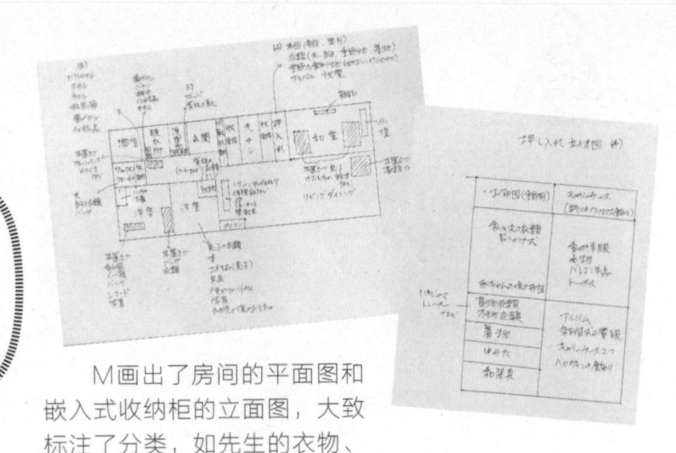

M画出了房间的平面图和嵌入式收纳柜的立面图，大致标注了分类，如先生的衣物、相册、应季装饰品等。

小窍门 从“最占地方的物品”开始

M家的情况

第1大问题：大人的衣物

第2大问题：玩具

Step 1 将需要整理的物品集中到一处

Step 2 按照物品种类进行分类

Step 3 根据颜色和质地进行更细化的分类

Step 4 按照下面的顺序选择分好类的物品，决定去留

① 选择“心爱之物”。

② 选择“必需物品”及“常用物品”。

③ 挑出“不需要的物品”。

④ 留下“拿不准的物品”，思考为什么犹豫。如果觉得即使没有这件物品也不要紧，就果断地处理掉；如果觉得无论如何也不能淘汰掉，那就保留下来。

Step 5 将选择保留的物品放入收纳场所

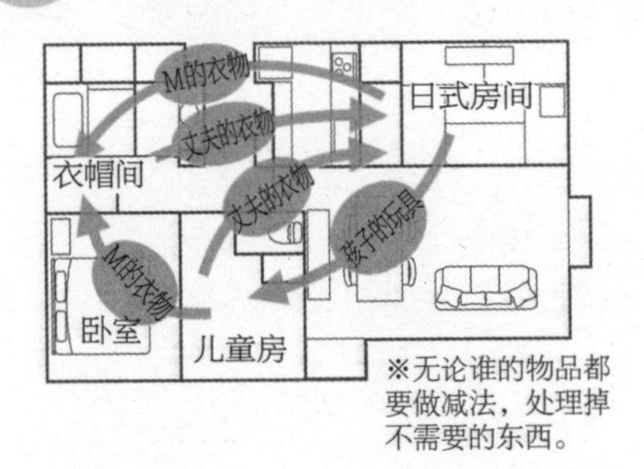

※无论谁的物品都要做减法，处理掉不需要的东西。

草间建议，将M的衣物集中收纳在卧室门口的衣帽间，将M丈夫的衣物集中收纳在日式房间的壁橱里，也就是说一人一个收纳空间，这样分类清楚明白。

03 衣物整理与收纳

M的衣物是数量最庞大的一类物品，所以要最先整理。按照“5个步骤”将衣物集中到一处，再细致地分类、挑选，最后收纳。

将需要整理的物品集中到一处

把日式房间、儿童房及各个房间里M的衣物都集中到一处。掌握待整理物品的全部数量和种类，是一项重要工作。

按照物品种类进行分类

将所有衣物集中到一处后，开始按照种类进行分类，分为外衣、半裙、连衣裙、套装等。

分类越简单越好，这样不会耗费太长时间，干劲儿不会受到影响。

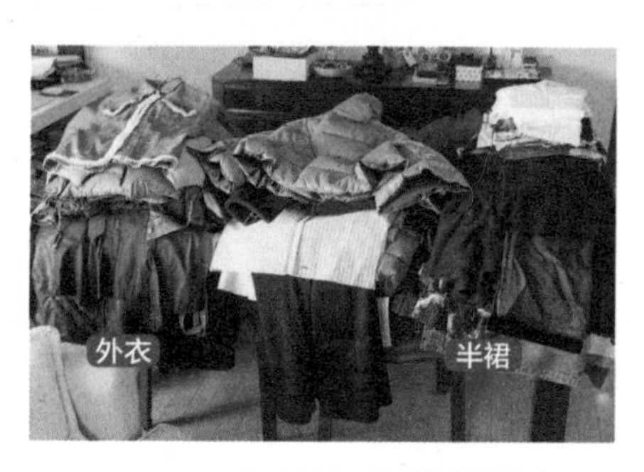

分类还有一个优点，那就是了解自己的喜好和购物习惯。

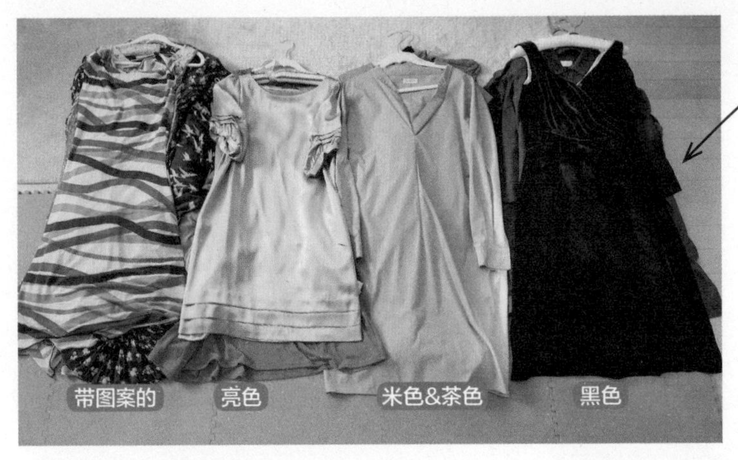

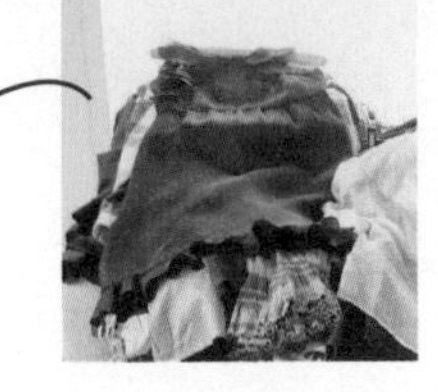

如连衣裙可以这样分类。

观察集中在一起的衣物的特点，自己来决定分类标题。

Step 3

根据颜色和质地进行更细化的分类

上一步我们对衣物进行了分类，现在要进行更细化的分类。M的连衣裙可以如上图般进行分组。上图是按照颜色分类的，当然也可以按照质地来分类。

Step 4

按照下面的顺序选择分好类的物品，决定去留

从“带图案的”连衣裙开始尝试一下吧。首先挑选出最心爱的连衣裙。草间的理论是，挑选心爱的而不是要淘汰的物品，这样心情会变得轻松愉快。

① 选择“心爱之物”

M非常迅速地从每类衣物中选出了“心爱之物”，因为草间告诉她，即使现在不能穿，只要是心爱的，就都可以保留。

② 选择“必需物品”及“常用物品”

挑选尽管不是特别喜欢，但是平时常穿和必需的衣物。穿着舒适的、适合在旅行时穿的、在参加学校活动及婚丧嫁娶时需要穿着的衣物，都在此列。

③ 挑出“不需要的物品”

重新审视剩下的衣物，从中选出过时、不适合自己气质、有污渍及很久的衣物，果断将它们处理掉。

④ 留下“拿不准的物品”

最后应该还剩下一些很留恋却略有过时或是尺码不合适的衣物。实际上这是最关键的，如果你能果断处理掉犹豫的东西，就能够彻底改善收纳习惯。

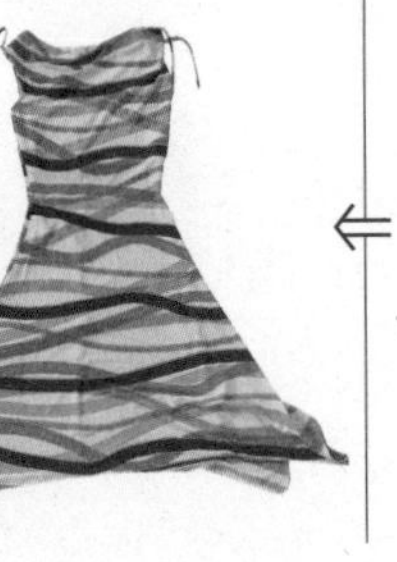

与连衣裙一样，给所有物品分类

给Step 2中分过类的衣物，分别进行更细化的分类和挑选。结束后，衣物的数量会大大减少，新的收纳空间也会自然地出现。

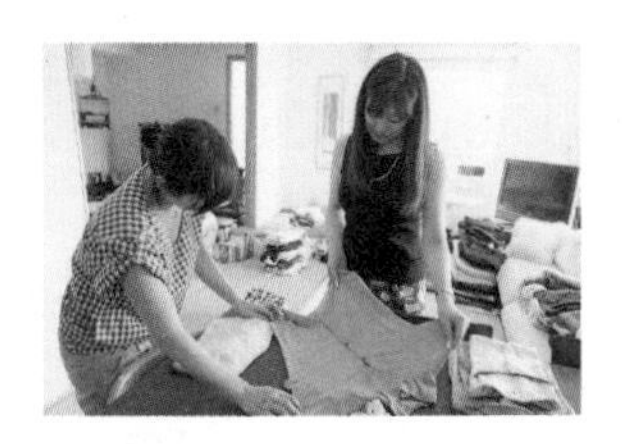

全部衣物都要分类和挑选。重新审视“拿不准的衣物”时，只要草间追问“真的还会穿吗？”，M就会犹豫，结果大部分衣物就会被淘汰。

挑选出来的衣物保持分好的类别，放进收纳箱中。将衣物叠成和收纳箱一致的宽度，叠放进立着的收纳箱里，这样一目了然，易取易收。

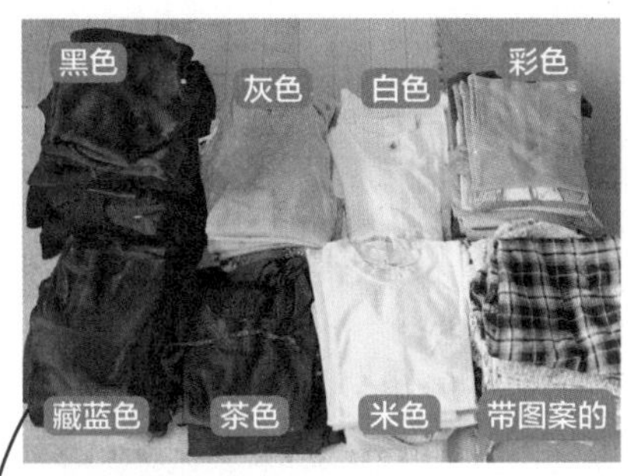

按照颜色分类

针织衫和T恤按颜色分类。一旦发现有多件同类衣服时，犹豫就会减少，分类就能顺利进行。

每种颜色都要再挑选

细化“藏蓝色”的分类。剩下3件拿不准的衣物，1件处理掉，1件送给朋友，1件留下，以后要常穿。

包包们也进行了挑选

M的包包多达84个。在挑选“拿不准的物品”时，决定把27个包包拿到二手店寄卖。

Step 5

将选择保留的衣物放入收纳场所

将“心爱之物”“必需物品”及“拿不准的物品”中决定保留的物品，放回收纳场所。在收纳时也要按照Step 4的分类来摆放，不能混乱，这是规则。

卧室门口的衣帽间曾塞满了夫妻俩的衣物。现在M的衣物数量大为减少，并整齐地收纳在衣帽间里。丈夫的衣物也移到了日式房间的壁橱中。其实这也只是暂时收纳，在生活中要随时调整，以便取用、收纳。

一直闲置的枕头架现在成了M放包包的固定位置。将样式相似的包包大包套小包放在一起，非常整齐。

由于是暂时收纳，所以用便利贴作标签。可以根据使用频率替换收纳箱的位置，使收纳简单易行。

04 玩具整理与收纳

从“置物间”状态的儿童房中移走所有不必要的物品。按照“5个步骤”，将占据日式房间的玩具全部移到儿童房。

将需要整理的玩具集中到一处

日式房间无法使用的最大的原因就是这些玩具。首先淘汰掉已经不适合孩子年龄的玩具，然后将剩下的“现役”玩具集中到一处。

让孩子也或多或少地参与整理工作，可以让他来选择必需的玩具。

按照玩具种类进行分类，重新审视并挑选

将集中在一处的玩具按照种类分类，再按照前面“Step 4”的操作，一件一件地重新审视挑选。

经过草间的妙手，玩具也细致、明确地分类。大型玩具单独处理，不算在分类里。

整理棘手的儿童房，从制定计划开始

从难以计数的玩具中挑出“现役”玩具，再进一步按种类分类，就能轻松掌握每种玩具的数量。

玩具分类可以不那么细，因为最后要放入收纳家具中，最关键的是孩子也能够理解这种分类规则。

M理想中的儿童房是孩子能支配、管理、静下心学习的房间，更奢侈的梦想是能像阅读室一样供全家人使用。

M还想添置一个容量大的书架和一个收纳衣物的柜子。草间建议她选择深度浅的书架，尽可能与墙壁融为一体。如果再买柜子，房间里就全是家具了，所以最好将目标定为把全部衣物都收纳进现有的橱柜里。

check! 容易积存的物品

NG 1

还没淘汰的婴儿用品

总觉得什么时候还能派上用场或者可以送给朋友，很难下定决心淘汰掉。

NG 2

过了适用年龄的玩具

孩子小时候很喜欢，但是现在一点兴趣都没有的毛绒玩具，M觉得这样的玩具特别难下手处理。

NG 3

没开封的小赠品和纪念品

商店、公司派发的小赠品都是全新的，很难处理，虽然完全用不上，但还是囤积起来了。

NG 4

名牌鞋鞋盒

这些都是买过名牌的"证明"，舍不得扔。然而，这样的鞋盒特别占地方。

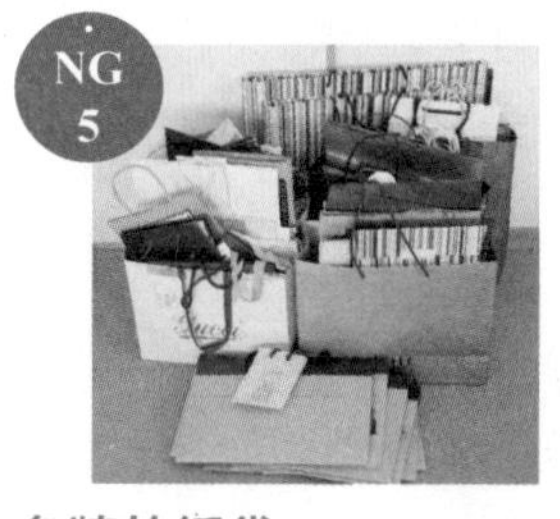

NG 5

名牌的纸袋

这些纸袋也都是购物的"证明"。一共整理出130个，留下尺寸适用的40个，剩下的全部处理掉。

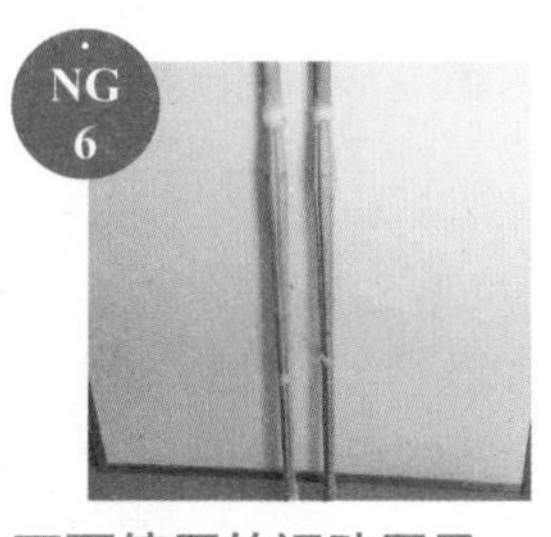

NG 6

不再使用的运动用品

使用过的运动用品也很容易囤积起来。难以处理的另一个重要原因是，很难对其进行垃圾分类。

NG 7

别人送的东西及广告赠品

毛巾就整理出这么多！白盒子已经在二手店高价卖出去了。

NG 8

漫画玩偶

草间问过，这么多奥特曼玩偶是否都必须，但丈夫喜欢，所以收集了很多。

NG 9

孩子的手工

孩子在幼儿园里做的手工，也是舍不得处理的典型物品。和孩子商量好，哪些拍照片保存，哪些保留实物。

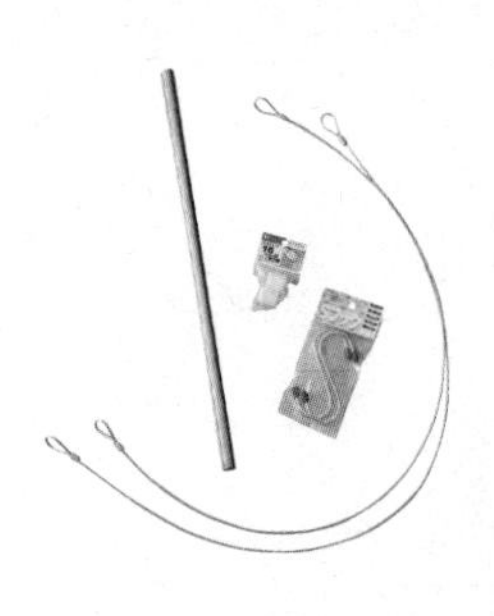

儿童衣物长度较短，所以将壁橱改造为上下两层来挂衣服。所需材料有：S形挂钩、两端带圈的钢丝、不锈钢管（在家装建材市场截成合适的长短）、保护帽儿。

提升壁橱的性能

儿童房的壁橱应收纳孩子的全部衣物，让他能够自己支配、管理。将挂杆增至两根，使性能倍增。将衣物全部挂在挂杆上，一目了然。

上面的挂杆挂上衣，下面的挂杆挂裤子，一目了然，而且很容易搭配。以前直接放在地板上、十分占地方的节日装饰品，放在了壁橱最上面一层。这些物品一年只用一次，放在这里再合适不过了。

关键要选用功能强大的衣架

最好统一选用儿童专用衣架，这样能够紧凑地收纳衣物。

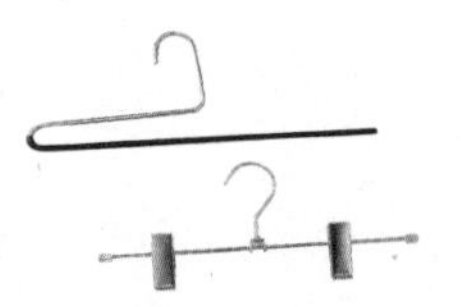

考虑到易取易收的问题，还准备了专门挂裤子的衣架。

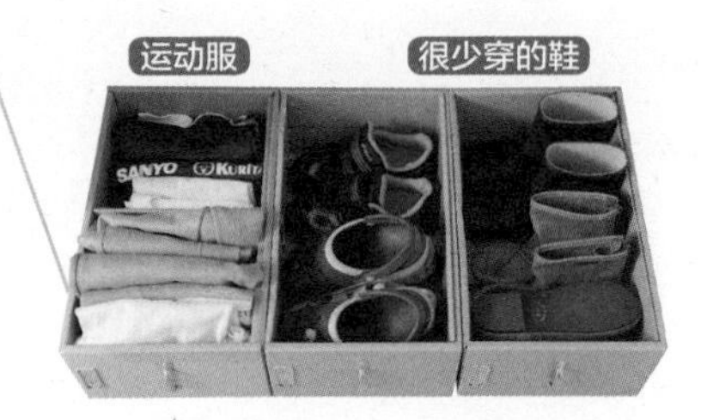

玄关鞋架放不下的应季鞋子，现在有了新的固定收纳场所。只有大人能拿到，但是不常穿，也没关系。

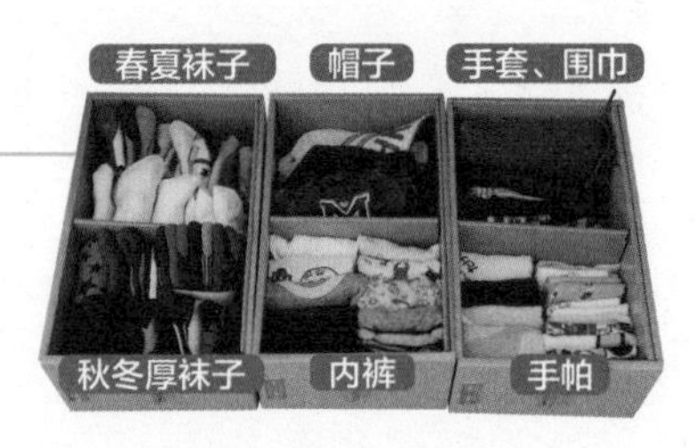

最下层的收纳盒里集中收纳小物品，便于孩子自己取收、管理。每隔半年就换一下薄厚袜的位置。

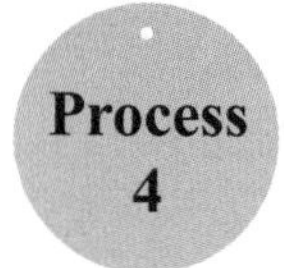

配置新家具，大大提升收纳性能

将能融入周围空间的墙面一体收纳家具摆放在窗边，与墙壁颜色相同，所以没有丝毫的压迫感。而且将窄的架子摆在中间，打破了死板的印象。

置物间用这件家具正合适

这套组合置物架的搁板位置可以根据要收纳的物品进行调节。

布制小收纳盒放在抽屉式收纳盒里做隔断，大小正合适。

涤纶棉麻制抽屉式收纳盒（小号和中号）设计简约，在置物架上能大显身手。

玩具与书收纳在置物架上，方便取用

为方便全家人使用，M与草间仔细敲定了不同种类物品的收纳方式。绘本和玩具收纳在下层，为了显得整齐，玩具全部收在抽屉式收纳盒里。M夫妻二人的书则收纳在上层。

用设计简约的收纳盒收纳五颜六色的玩具，清爽整洁。梦想中的"家庭阅读室"也得以实现！

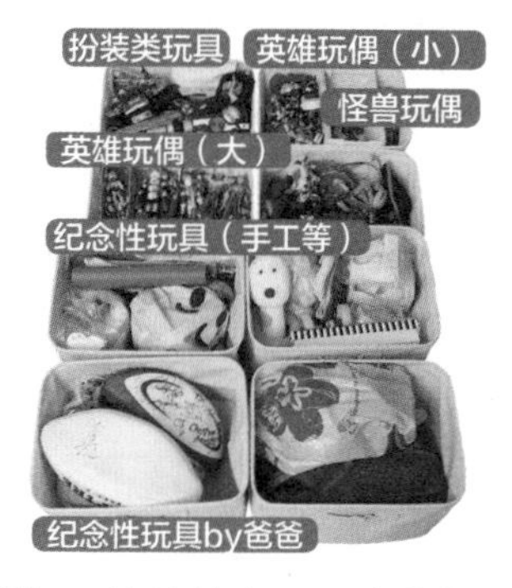

左侧架子的收纳盒里是这些物品。草间建议，手作、婴儿用品等纪念性玩具要放在易取易收的位置上，便于时不时拿出来回忆。

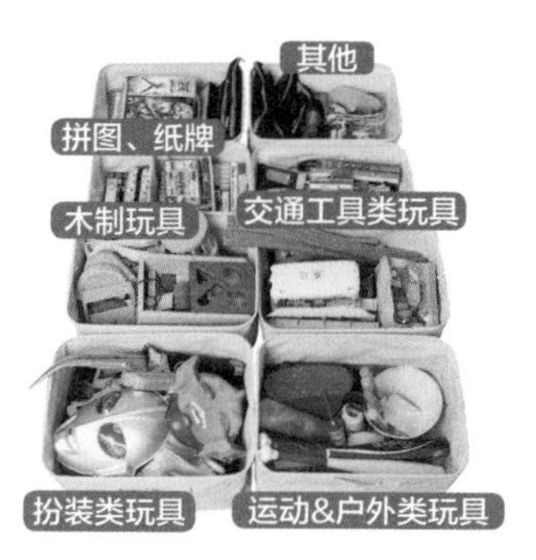

右侧架子的收纳盒里是这些物品。在Process 2中挑选出来的玩具尽可能按类别收在收纳盒里。收纳时大致摆整齐就可以。

05 “整理与收纳”工作收尾

BEFORE

被玩具占据的壁橱被挡住，完全用不了

虽然房间里有漂亮的中式家具和装饰品，但地上堆满了孩子的玩具。不仅给人乱糟糟的感觉，房间也难以使用。

收拾日式房间花费2天时间，收拾儿童房花费2天时间，4天完成了所有操作。置物间也变成了令人刮目相看的豪华间。

日式房间 BEFORE → AFTER

AFTER

房间焕然一新，清爽、整洁

恢复成了刚搬入这里时的状态，摆放着高级的中式家具，无比完美！地面终于露出来了，今后打扫起来也轻松。

BEFORE **AFTER**

灵活利用衣帽间里的不锈钢管衣架等物品，把壁橱打造成丈夫专用的衣柜，完全没有采购新的材料就完成了“一人一个收纳空间”。

利用柜子的深度，将不常用的旅行箱收纳在上层最里，藏在衬衫的后面。

壁橱上层的收纳柜移至下层，集中收纳丈夫的便装。按颜色分类竖着收纳，一目了然，又便于选择。

儿童房 BEFORE → AFTER

BEFORE

暂时放置的物品使之成为置物间

房间里塞满了超过孩子适用年龄的玩具，还有小赠品和纪念品、商店的纸袋等，沙发和书桌都被这些东西埋起来了。

AFTER

变为理想中的儿童房

超大容量的家具发挥了它的威力，房间变得如此整洁！沙发空出来，可以随意坐，M不由得喜极而泣。就连从窗口照进来的光线，感觉都变得明亮了。

为儿童房购买的吊灯，现在终于使用上了。

M学生时代最喜欢的书桌，过去一直被埋在下面，现在也能给孩子使用了。桌子下面是大尺寸玩具的收纳场所，尺寸太大而无法放在收纳架上的玩具可以收纳在这里。

06 工作收尾之后

最重要的是重新审视物品的数量及收纳场所。不要一开始就急着收拾，正确的做法是，先掌握整个家的收纳状况，然后定好计划再开始整理。

为了更美好的生活，只保留精心挑选的物品

M家处于超负荷的状态，其他房间放不下的物品全部塞进了儿童房。解决方法就是，减少其他房间的物品，同时儿童房里只留下必需物品，并将它们收进合适的家具中。今后要时常留意身边的物品是否必需，为了更美好的生活，对物品精挑细选。（草间）

非常感谢草间女士，让我对收纳有了全新的认识

对于所拥有的物品，我的观念发生了彻底的转变。过去我一直在囤积用不上的东西，今后我会更加留意物品是否必需，并一直这样努力下去。这次我重新审视了家里所有的物品，对家人和自己的生活有了更深的认识。收纳真的与我们生活的各个方面都息息相关呢！

再温习一遍吧

草间式 美形收纳的五个Step

操作的关键点

从"最占地方的物品"开始重新审视

Step 1 将需要整理的物品集中到一处

Step 2 按照物品种类进行分类

Step 3 根据颜色和质地进行更细化的分类

Step 4 按照下面的顺序选择分好类的物品，决定去留

① 选择“心爱之物”。

② 选择“必需物品”及“常用物品”。

③ 挑出“不需要的物品”。

④ 留下“拿不准的物品”。好好思考一下自己为什么犹豫。如果觉得这件物品“即使没有也不要紧”，就果断地将其处理掉。如果觉得很留恋、怎样也不能淘汰掉，那就可以将其保留下来。

StePrazil 5 将选择保留的物品全部收入收纳场所

加油！

PART 4

节省空间与防皱的衣物折叠方法

现在我们来告诉大家将衣物叠得更紧凑的方法。不但有助于平时收纳，在换季收存衣物时更能发挥威力。

★上衣

毛线开衫

内外反叠，干净收存的秘诀。

将衣服的外面叠进里面才是正确的方式，这样能够防止潮气和褪色等。

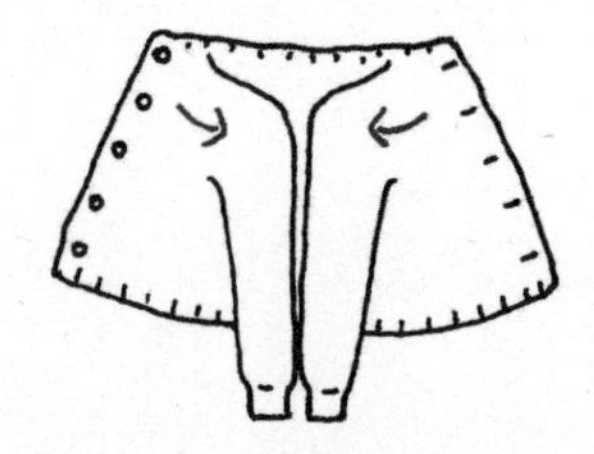

① 将开衫的外面朝上，如图上箭头折叠袖子，使袖边和背部中心线重合。

② 将衣服的里子向外折叠，使开襟的边与袖边重合。左右对称折叠。

③ 下摆向上对折。

羽绒服

诀窍就是边压出空气，边向上卷。

收纳蓬松的羽绒服类时，将其卷起来更节省空间。卷好后用绳子或皮筋来固定。

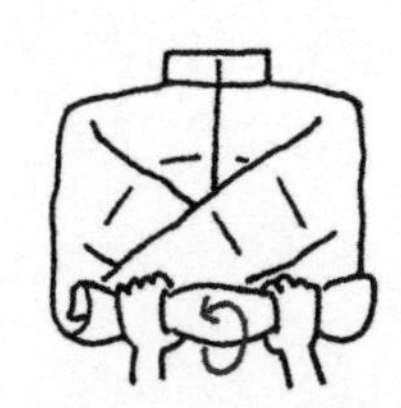

① 背面向上，将两袖叠入内侧，一边挤压排出空气，一边从下摆处向上卷。

② 用2 ～ 3根绳子固定

夹克

竖着对折，不易褶皱。

西装夹克要竖着对折，沿后背处的接缝线折叠是最妥当的。

为防止衣物走形，可以在后颈内侧垫入小毛巾，然后再将其向后竖着对折。

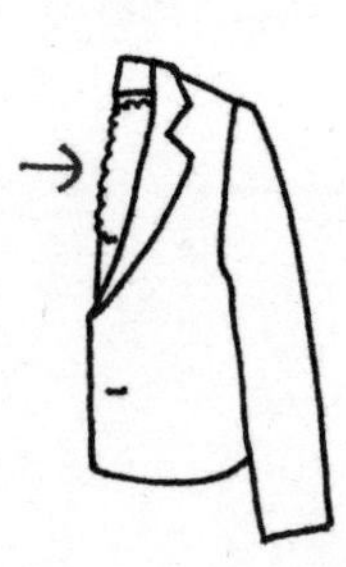

大衣

可以在领子下垫毛巾防止起皱。

长时间折叠收存的大衣会产生折痕，令人苦恼。只要在领子下面垫上小毛巾就能解决这个问题啦。

① 左右衣领下各垫上一块小毛巾。

② 将两袖折叠进内侧。

③ 将下摆向上折叠，再将上半部分向下折叠。

④ 完成。

衬衫

扣上纽扣再叠。

衬衫在折叠时很容易走形，但扣上全部纽扣后再叠，就能够顺利地折叠整齐。时间紧迫时，也可以隔一个纽扣扣一个。

①扣上纽扣。

②背面向上，将腋下和袖子折入内侧。

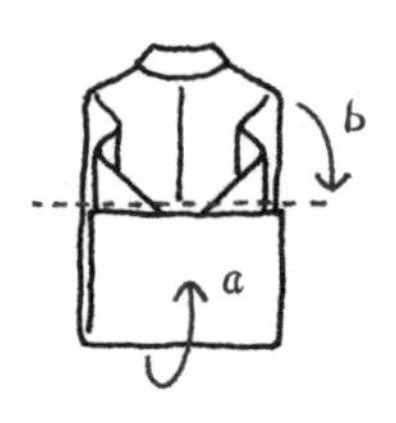

③两侧都叠好后，将下摆向上折叠，再将上半部分向下折叠。

④完成。

针织衫

折叠前抚平皱纹。

背面向上平铺，仔细地抚平皱纹，然后开始叠。折叠时要注意左右对称，这样叠好后会很整齐、紧凑。

①背面向上，从贴近领周的部分开始，将腋下折入内侧。

②将袖子再沿着腋下的线折回，注意不要超出下摆。

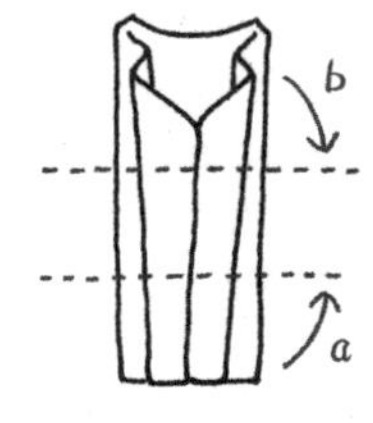

③两侧都叠好后，将下摆向上折叠，再将上半部分向下折叠。

④完成。

帽衫与毛衣

先折帽子和领子，缩小体积。

先折叠帽衫的帽子或毛衣的领子，注意折叠时不要压在袖子上。这样可以缩小体积，节省空间。

①将帽子向帽衫正面折叠。

②将腋下和袖子沿着拉链折进内侧。

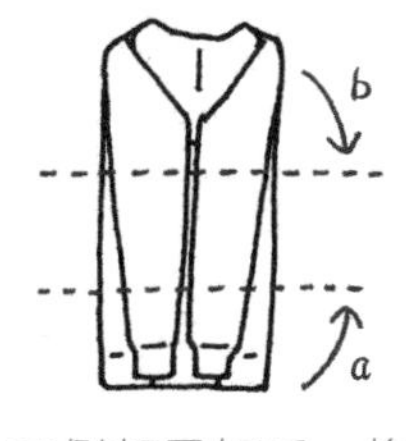

③两侧都叠好后，将下摆向上折叠，再将上半部分向下折叠。

④完成。

外搭吊带衫

将肩带折入内侧就能缩小衣物体积，节省空间。

折叠到最后会剩下肩带，将它折入内侧，就能叠得整整齐齐。

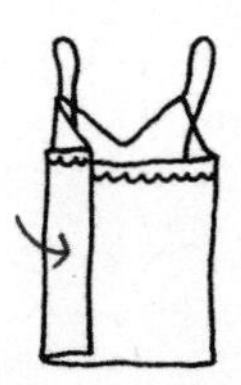

① 背面向上，肩带拉直，将一边沿肩带向内侧折叠。

② 将另一边也按上一步折叠。

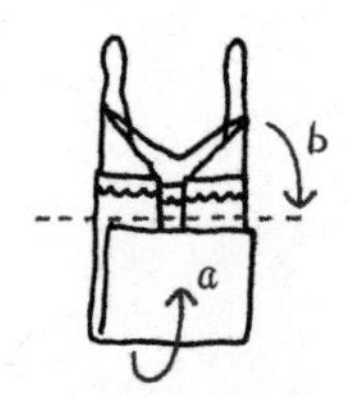

③ 将下摆向上折叠，再将上半部分向下折叠，最后把肩带夹入内侧藏起来。

④ 完成。

连衣裙

边抚平皱纹边叠，最后整理形状。

非常关键的一点是要边抚平皱纹边叠。最后稍微整理一下，就能折出整齐的形状，非常便于收纳。

① 背面向上，抚平整条裙子上的皱纹。

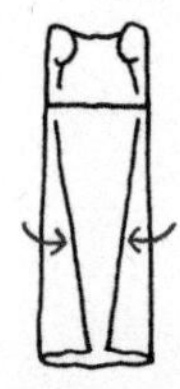

② 以肩部向下的垂线为轴，将袖子、裙摆向内侧折。

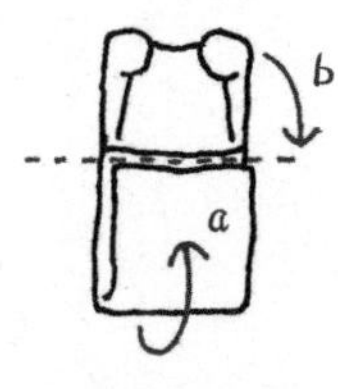

③ 将下摆向上折叠，再将上半部分向下折叠。

④ 整理形状，完成。

T恤

抚平皱纹，左右对称折叠。

与针织衫的叠法一样，要先抚平衣服上的皱纹。特别要注意领子周围不要有皱纹。

① 背面向上，仔细地抚平整件衣服的皱纹。

② 从贴近领周的部分开始，将腋下折入内侧，再将袖子折成三角状。

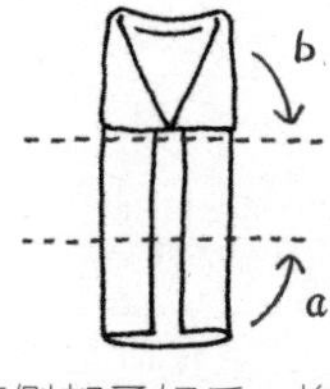

③ 两侧都叠好后，将下摆向上折叠，再将上半部分向下折叠。

④ 完成。

★下装

筒裙

折叠前拉开拉链，在易产生折痕的地方垫上小毛巾。

折叠筒裙的小窍门就是把拉链拉开。如果需要长时间收存，就要垫上小毛巾。

① 拉开裙子拉链，正面朝上沿中心线对折。

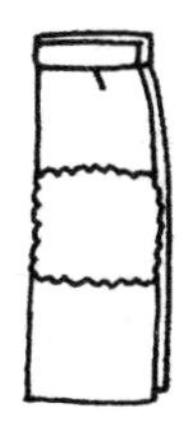

② 将小毛巾叠成与裙子同样的宽度，垫在中间。

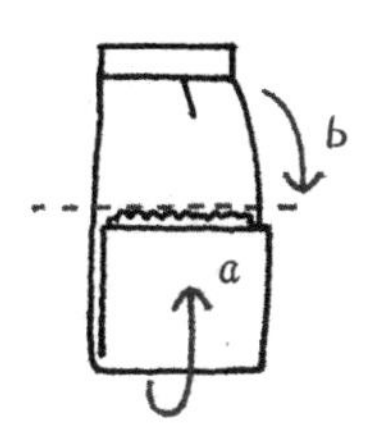

③ 将裙摆向上折叠，使其边缘与小毛巾的上边重合，再将上半部分向下折叠。

④ 完成。

长裙

垫上小毛巾解决折痕。

先准备好一条小毛巾，只要将毛巾夹在长裙中间，就不会出现折痕了，即使收纳得很紧凑也没问题。

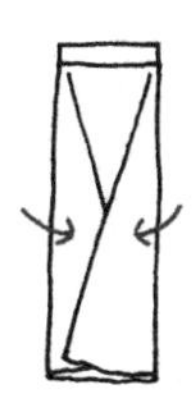

① 将裙子铺平，左右都向中间折。

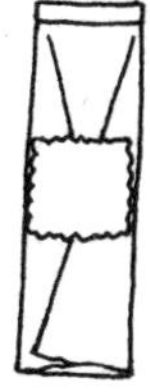

② 将小毛巾叠成与裙子同样的宽度，垫在中间。

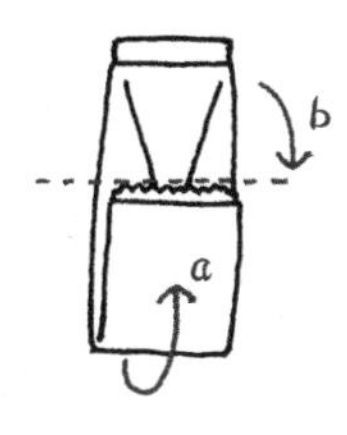

③ 将裙摆向上折叠，使其边缘与小毛巾的上边重合，再将上半部分向下折叠。

④ 完成。

裤子

将废弃的保鲜膜纸芯夹在中间，防止产生折痕。

将保鲜膜纸芯夹在裤子中间再折叠，就不会产生折痕。然后交错着收纳在抽屉里，这就是节省空间的妙招。

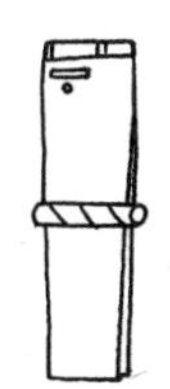

① 沿裤子的中心线折叠，中间放上保鲜膜的纸芯。

② 对折。

③ 纸芯不要都放在同一侧，交错着收纳在抽屉里。

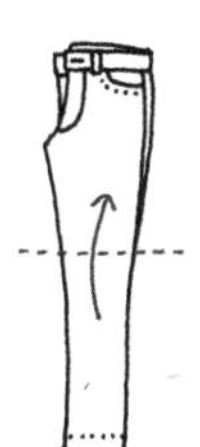

牛仔裤类

牛仔裤不必担心折痕，只要将裤子拉链拉开，沿中心线对折，再将裤脚向上对折就好。

★内衣 Ladies'

打底吊带衫

卷成筒竖着放，易取易收。

打底吊带衫要先对折再卷起来，这样更紧凑。竖着收纳会更一目了然。

裤袜

折叠收纳更节省空间。

将裤袜对齐后折叠更节省空间。最后用腰部松紧固定就不会散开。

女式内裤

折成小方块，再用腰部松紧固定，不会散开，便于收纳。

叠成小方块以后，再用腰部松紧固定就完成了。收纳起来很方便，还能将占用的空间缩至最小。

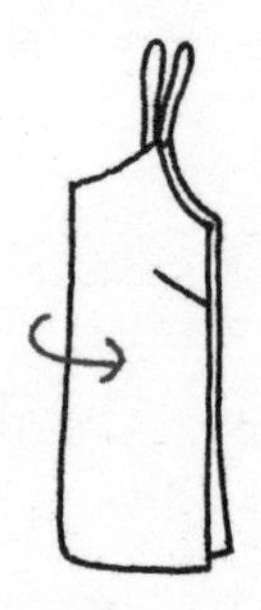

① 竖着对折。

② 再竖着对折一次。

③ 上下边缘折到横向中心线处，再从下往上卷。

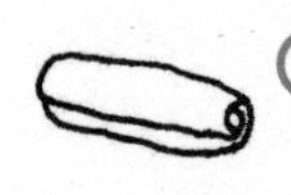

④ 卷成筒状后竖着收纳在抽屉里。

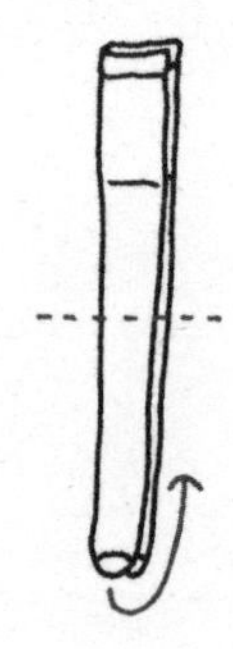

① 竖着折叠，使两条袜筒重叠。

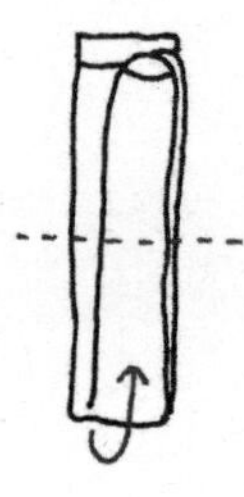

② 将脚尖部分向上对半折叠，不要超过腰部。

③ 再对折一次，将对折处塞进裤腰的松紧带里进行固定。

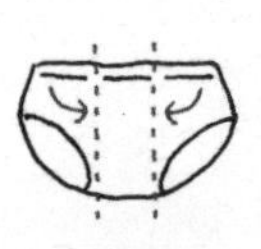

① 竖着分为三等份，将左右两端向中间折叠。

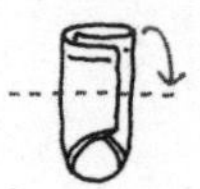

② 再对折。

③ 将下面部分塞进裤腰的松紧带里进行固定。

文胸

不破坏罩杯形状，将肩带与后比也整齐地叠进去。

折叠时要注意，不要破坏罩杯的形状。叠好后竖着收纳，这样易取易收，十分便利。

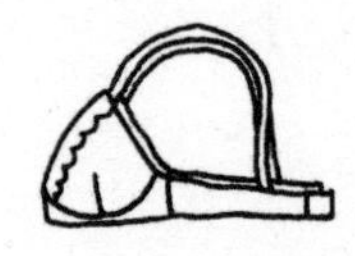

① 将文胸向内对折。

② 使一边的罩杯凹陷，再将肩带和后背部分折叠后塞入凹陷中。

③ 带钢圈的部分向下，竖着收纳即可。

Men's

★领带

男士紧身内裤

先叠成小方块，再用裤腰松紧固定。

将内裤叠成小方块，最后利用裤腰的松紧固定，这样收纳时不容易散开，非常方便。

男士平角内裤

叠平角内裤的窍门是，先竖着对折、再横着对折，最后叠成小方块。

为了尽可能节省收纳空间，最重要的一步就是缩小内裤体积。先竖着对折、再横着对折，尽可能地往小叠。

领带

卷起来既不会有折痕，又能节省收纳空间。

领带上是绝对不允许出现折痕的，只要将领带对折再卷起来就可以啦。

①背面向上平铺，竖着分为三等份，将左端向中间折叠。

②右端也同样向中间折叠。

③横着分为三等份，将裤腰向下折叠。

④将下面部分向上折叠，再塞入裤腰的松紧固定。

①沿中心线竖着对折。

②再竖着对折一次。

③横着对折，使内裤边缘与腰部边缘重合。

④再横着对折一次，就完成了。

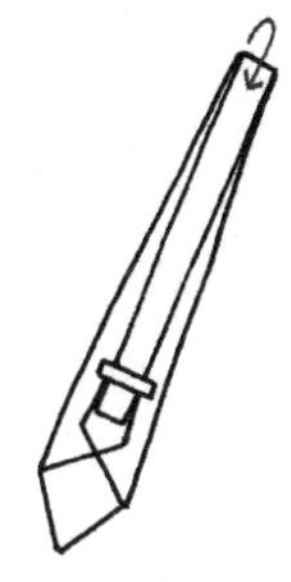

①将细端折起塞入领带内侧的环里。

②从对折的部分开始卷，卷成圆筒状。

★袜子

高筒袜

高筒袜正确的叠法是对折两次。

高筒袜的袜筒较长，最好将两只袜子叠放再对折两次，这样更节省收纳空间。

短袜

折叠两次，用袜口的松紧带固定。

将短袜三等分后，两端向中间折叠，用袜口松紧带包住脚尖部分。如果袜子太厚，会使松紧带失去弹性，这时只折叠两次就好。

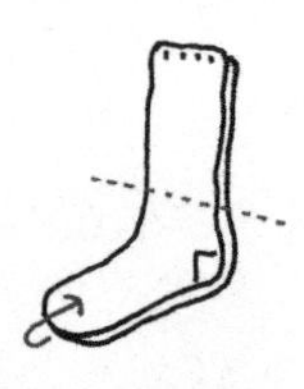

① 将两只袜子叠放，然后对折。

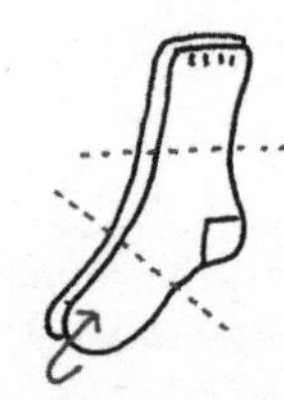

① 将两只袜子叠放，三等分后将两端向中间折叠。

② 再对折一次。

② 将袜口松紧带翻折过来包住脚尖部分。

③ 完成。

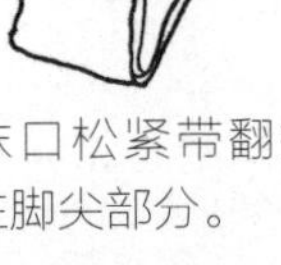

③ 完成。

浅口袜

两只袜子叠放，再折叠两次。

浅口袜的袜筒很短，折叠两次就能将体积缩得很小。此外，也可以卷起来收纳。

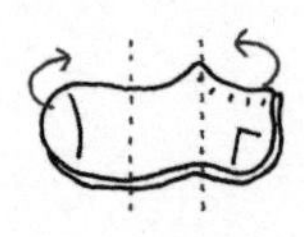

① 将两只袜子叠放，三等分后将两端向中间折叠。

② 完成。

★毛巾

毛巾

根据抽屉大小来叠，便于取用。

毛巾类物品要根据抽屉大小来叠。收纳时，将折叠处向上或向外，这样就能很方便地取出了。

洗脸毛巾

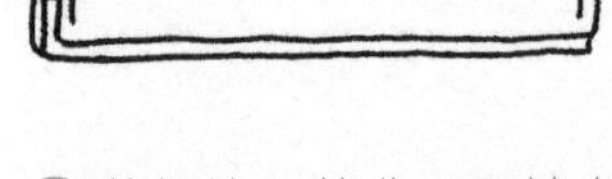

① 将短边三等分，两端向中间折叠。

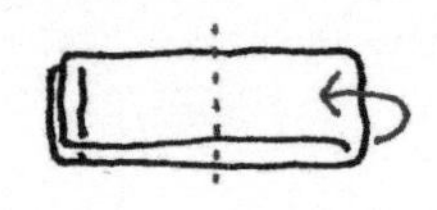

② 然后对折两次成小方块，使其高度与抽屉深度相当。

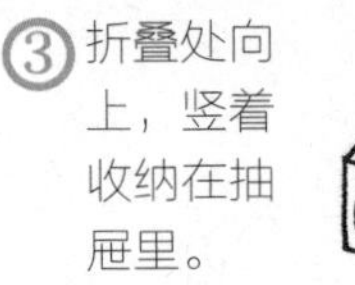

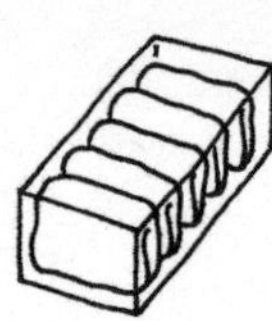

③ 折叠处向上，竖着收纳在抽屉里。

浴巾

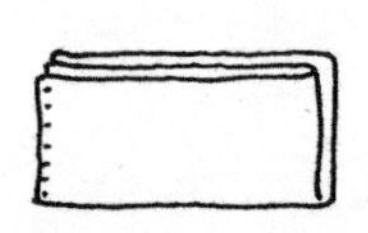

① 根据抽屉尺寸，先横折再竖折。

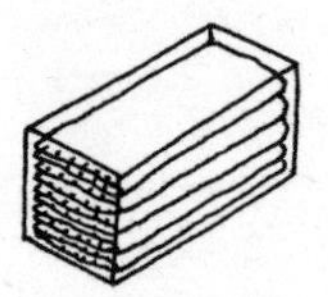

② 收纳时使折叠处向外。

PART 5

不过多占据生活空间的收纳要领

无论怎么整理，家里的物品都有增无减。这一章我们将介绍不过多占据生活空间的整理方法及生活方式，如重新审视物品的方式、淘汰物品的方法、不囤积或增加物品的秘诀等。

01

严格遵守“买一减一”“易取易收”原则

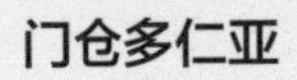

门仓多仁亚

料理研究家，父亲是日本人、母亲是德国人。幼年在日本、德国、美国居住过。现与丈夫居住在东京市区。

门仓家的客厅洋溢着一种明快而悠闲的气氛，因为她更喜欢摆放具有强烈存在感的大号家具和画。

传统衣柜中收纳着布类物品。门仓认为桌布和围巾这两种东西多收集一些也没关系，因为它们不仅是消耗品，而且薄薄的一块布就能完全改变氛围，使用起来很方便。另外，这些东西也不占地方。

“隐藏收纳”是基础，充分利用现有物品的诀窍就在于收纳器具不要塞得太满

家里摆放着喜爱的传统家具，客厅、餐厅摆放着宽大的沙发组合，而且家装设计上多运用东西方风格的混搭，门仓非常享受这样的氛围。

传统衣柜是母亲传给门仓的，里面收纳着桌布及常用的包布等布类物品。传统银柜里摆放着平时使用的玻璃杯及刀叉类物品。这些都是餐厅里使用的，所以放在这里最适合不过了。

门仓的基本原则是“隐藏收纳”。虽然她也觉得展示型收纳很美观，但却不太擅长。隐藏收纳也有缺点，就是会忘记使用收起来的物品，所以门仓会时常留意，让收纳易取易收。

同样，“买一减一”也是门仓的原则。规定好餐具、书籍的收纳空间，一旦超出规定的范围就要处理掉一部分。

门仓购物时是比较谨慎的。每次想买新物品时，门仓都先问自己：“为什么要买这件东西？真的需要它吗？现有的东西里，有没有能代替它的？”

一旦买了不需要的东西，不仅会后悔，而且还要费时费力地将它处理掉，最终会变成一种压力，因此门仓绝不购买多余的物品。她每天都在练习，让自己不会头脑发热赶时髦。

对门仓而言，舒适度日比什么都重要。所以她有自己的原则，但也不会被原则束缚，不然就会喘不过气了。

门仓不喜欢采购新物品，
而喜欢想方设法地利用现有物品

传统银柜的上层摆放着玻璃杯，下层抽屉里收纳着茶杯、茶托及刀叉等餐具。柜子上层加装了搁板，变得更加好用。此外，将餐具收纳在抽屉里非常方便取用，用蛋糕模具分类收纳刀叉等餐具也很方便。比起采购新物件，门仓更喜欢在现有的物品上下功夫，使它们能够发挥多重作用。

另外，门仓是个大大咧咧的人。一旦想着“哪天一起收拾吧”，就不知道会拖到什么时候了，而且一起收拾还很费力，因此她在早晨固定30分钟为“整理时间”，只要养成习惯就不觉得辛苦了。

处理照片、信件等充满回忆的物品时，门仓也非常干脆。愉快的回忆、物品所传达的温暖心意，全都保存在她的心里，所以即使东西处理掉了也没关系。

厨房里的餐具是夫妻两人使用的，数量很少。选择设计简约的餐具，不仅能用在各种用途上，而且完全够两个人用。开办料理培训班或招待客人时，偶尔会使用特别的餐具，需要准备好相应的数量。这类餐具即使放在远离厨房的场所也没关系，因此将它们收在玄关旁的嵌入式收纳柜里。

“规定好收纳场所，物品每增加1件就要淘汰1件”，这就是门仓独树一帜的“杜绝物品过剩”原则

处理时绝不再重新过目，坚决不看篮子里面！最初的直觉是很重要的

待处理物品篮放在玄关旁的衣柜里，这是固定位置。用不上的东西就放到篮子里，等篮子装不下时就处理掉。一旦决定处理掉某件东西就不能反悔，要相信自己的直觉判断。

只将出色的纪念照片冲洗出来挂在墙上，随时都可以看到

门仓非常擅长淘汰东西，但是她也有一件舍不得扔掉的物品，那就是幼年时收到的礼物——一个毛绒玩具猴。对门仓而言，它就像弟弟一样，虽然已经露出了棉花，但依然要与她相伴。

门仓喜欢旧物新用，
将旧物件与新物件搭配使用

书房里，旧木材制或的书架上收纳着许多书，摆放整洁，给人一种温馨的感觉。门仓觉得旧家具和新家具混放在一起，有一种独特的风格。

将美观的厨房用品做“展示型收纳”，不仅有装饰作用，还非常实用

02

确定收纳场所，不随意变动，不侵占其他空间

将心爱的锅和保存食物的密封玻璃瓶等做展示型收纳，看起来极具美感。分量重的东西一旦这样收纳就不会忘记用。这些物品都摆出来，打扫起来比较费力，因此适当地进行展示才是关键。

渡边真希

料理研究家，经常出现在杂志及广告中。一家三口生活在郊区的公寓里。

虽然从事料理相关工作，但是家里的厨房用品不算多。过去也曾经疯狂购置感兴趣的物品，不过后来养成了购买前先考虑的习惯，现在能够明确辨别出需要的物品与不需要的物品了。

厨房的墙壁上装有开放式置物架，在这里做“展示型收纳”的全都是常用的厨房用具。

摆在架子上，想用的时候能一下拿到，因此做料理时“展示型收纳”是最便利的。为了不影响美观，用具的保养也不能掉以轻心。

餐具类物品很难保证数量不增加，所以将它们全部收纳在容量超大的矮柜中。要确保数量多的物品有充足的收纳空间。另外，为了杜绝物品囤积，不能因为固定收纳场所放不下了，就把东西随便塞到别处。一旦物品数量超出收纳空间，就果断处理掉！

在开放式收纳架的下面，隐藏着带滚轮的可移动餐车。
无论哪种收纳创意，其目的都是不忘记使用物品

（左一）厨房后面的空间原本是预留给冰箱及收纳柜的，现在装上了置物架，做开放式收纳。不仅看起来很时髦，还能将常用厨房用具摆放在架子上，非常实用。

（左二）调料类物品一旦收进柜子就很难取用，可以将它们收纳在小餐车上。这样既可以在不用时隐藏在架子下面，也可以在使用时把整个小餐车拉出来，还能当作料理操作台，非常方便。

将餐具专用收纳柜作为客厅的主角

客厅里的焦点是胡桃木矮柜，是在家具设计师朋友那里定制的。这组柜子使用时间越长越有味道，是可以用一辈子的家具。

容量超大的矮柜里收纳着料理研究工作所必需的餐具等。日式餐具及玻璃餐具放在左边的柜子里，常用餐具放在中间的柜子里，大盘子放在右边的柜子里。虽然餐具数量相当多，但是只要像这样分类收纳，就不会找不到东西。因为喜欢简约风格，所以渡边尽可能不在矮柜上摆放物品。

将数量庞大的物品集中收纳，既方便又实用

玄关处的收纳空间相当宽敞，因此除了两人的鞋子，还收纳着书。无论是鞋子还是书，数量都很多，不过只要把柜门一关，顿时清爽无比！

孩子在幼儿园做的手工等全部收纳在编织篮里。虽然总想收拾一下，但很多都是充满回忆的纪念品，或者是做得非常好的东西，所以一直都舍不得扔。

除了餐具，鞋子和书的增加速度也特别快。在工作中，料理相关书籍是必不可少的，而鞋子则是两人都喜欢收集的。喜欢的鞋子会穿好多年，即使坏了也会修理一下接着穿。

不过，这个问题被玄关处的超大收纳空间解决了，鞋子和书都有了足够大的收纳场所。

最近，除了工作必备物品和特别喜欢的鞋子，渡边没再买过别的东西了，她说她觉得自己购买新物品的欲望变弱了。现在我切身体会到，她家的生活一年比一年返璞归真了。

03

给物品做减法，杜绝过剩，并认真对待每一件物品

金子由纪子

综合资讯网站极简主义生活版块的负责人。一个人住时对极简主义生活产生了浓厚的兴趣，现为全职主妇，同时还是两个孩子的妈妈，享受并实践着极简主义生活。

打造舒适房间的秘诀就是，做减法。

乍一看房间整整齐齐，但收纳空间里物品满满当当，找东西特别吃力，这种状态可谈不上舒适。如果不设法减少物品的总量，那无论怎么收拾，也不过是给物品换个收纳场所而已。给物品做减法并不是胡乱扔东西。首先要思考出让物品在人与人之间良性循环的方法，比如将自己用不上的物品转让或送给需要的人，这样可以让物品“重生”。实在没有去处的物品再考虑扔掉。

所以，金子由纪子常常审视身边的物品。一边思考：“最近有没有用过？舍不得它吗？它对家人有多重要？”一边筛选，把要淘汰的物品整理出来。

选择与地板、墙壁颜色相近的窗帘，这样能使房间显得宽敞。如果窗户下端高度及腰，可以挂落地窗帘，这样能使天花板看起来更高。如果家具也与地板、墙壁的颜色相近，就能让空间感觉更宽敞。

多露出平面、少露出凹凸不平的地方，这样能给人一种房间整洁、开阔的印象

房间清爽整洁的秘诀就是，露出大面积的平面。家具所占空间要控制在地板面积的25%以内，尽量多露出地板，并避免物品摆放得高低不平或直接摆在地板上。

窗帘和某些家具所占面积很大，要尽量使它们的颜色与地板、墙壁的颜色统一，这样能使屋子显得更宽敞

金子给自己定了几条物品淘汰原则，生活中就按这几条原则来整理分类。比如说衣物，可以拿去义卖或捐赠给公益团体等，所以在衣柜中留出一个抽屉专门放捐赠用的衣物，一旦觉得哪件衣服不会再穿了就放到这个抽屉里，积攒到一定量了就处理一次。这样就能避免囤积没用的衣物。

另一方面，控制不断增加的物品数量也十分关键。需要不断思考家里有没有可替代物品，还要克制自己不随手拿免费试用装，要养成不随便增加物品的习惯。像这样给物品做减法，就能打造出舒适的房间，而且在认真对待每一件物品的过程中，头脑也会变得清晰，能够看清楚现在什么才是最重要的。

一家四口的当季衣物，全部收纳在壁橱的一个隔间里

衣柜是由壁橱改造而成的，取出了原先中段的搁板，容量相当大。这里收纳着两个孩子的当季衣物、夫妻二人的当季衣物（悬挂收纳）和其他所有衣物（折叠收纳）。而且将家人的全部衣物保持一定的数量！

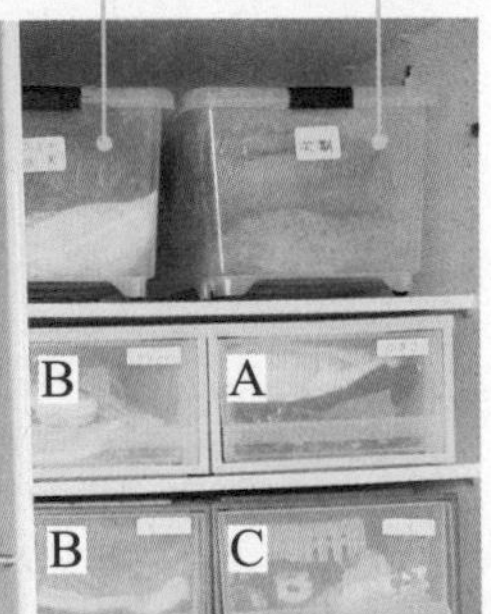
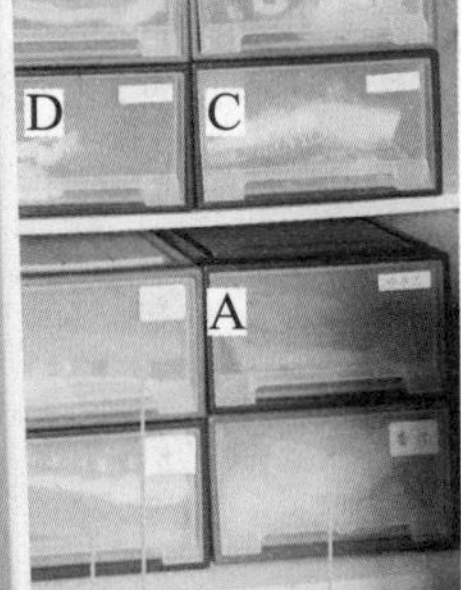

A 金子的衣物（全部）
B 丈夫的衣物（全部）
C 女儿的衣物（当季）
D 儿子的衣物（当季）

清理柜子里的废物，
保持衣物的量不超过衣柜的容量

全家人的衣物竟然这么少

只要先规定好收纳空间，就很容易让衣物数量保持基本定量。

丈夫：T恤2件、短袖及长袖衬衫7件、西服1套、夹克1件、卡其布裤3条、短裤2条。

金子：T恤6件、外搭吊带衫5件、衬衫5件、高领衫3件、连衣裙4件、裙子2条、帽衫2件、紧身运动裤3条、裤子3条、泳装1套、围裙5条、套装2套、夹克3件。

女儿：T恤8件、帽衫2件、裙子2条、短裤4条、裤子2条、睡衣2套。

儿子：T恤10件、帽衫2件、短裤6条、足球训练服1套、睡衣2套。

过季的
衣物

过季的衣服收纳在其他衣柜中

在衣帽间里，集中收纳着全家人的过季衣物（悬挂收纳）。这样安排的巧妙之处就在于，每次季节变换时，可以一点点地将过季衣物与当季衣物互换，不知不觉间就能完成衣物换季的工作。

鞋子只买结实、好修理、好搭配的简约款

鞋子一共有5双，购买时只挑选能搭配各种衣服的简约款。原则是“买1双扔1双”，如果想尽可能延长鞋子的使用寿命，就要选择结实、好修理的。

全家人的当季衣物就只有这些

不要超过衣柜的容量，也不要塞得太满，这是基本原则。定期检查，不常穿的衣物就果断淘汰。

以质朴的白色餐具为重点，搭配几件彩色餐具，充满趣致

餐具柜里大部分都是质朴的白色餐具，基本上6件一套，菜碟和小碗各10个。有时也会买喜爱的餐具，不过带花纹的就只有1个大盘子、1个深碗、2个小盘子和6个小碟子。

做一家四口的饭足够用了

共有8件锅类餐具，将常用锅具挂在墙上。这些锅做一家四口的饭足够用了，不过遇到喜欢的锅，还是会深思熟虑，然后决定是否购买。

常用物品要挑选品质上乘、由衷喜爱的，这样才能长久使用

这两个古旧高脚凳不仅可以坐，还可以用作梯凳、花几、床头柜，用途多样。

单身时就一直在用的矮脚桌购于二手店，桌面喷漆上的磨痕恰到好处，非常有味道。

从朋友那里得来的食案可以在新年和中秋等传统节日大显身手，营造出传统的节日气氛。

早晨散步途中捡到的置物架，用来摆放电视机正合适。

金子都是精心挑选自己喜欢的日用品、家具等，但是不会无节制地购买喜欢的东西。

如果把不喜欢或用不上的物品都扔掉，即使不买新物品，身边也都是自己喜欢的东西。这样一旦体会过身边充满心爱之物的生活，就会铭记住这种舒适感，自然而然就不会买那些“鸡肋”物品了。

毛巾、床上用品等生活用品只准备2～3套，来得及换洗就足够了。对于这些物品的材质和品牌，金子有固定的喜好，所以别人送的这类物品都是直接拿去捐赠。

将想要的物品清单列出来，加深印象以降低购物失败的风险

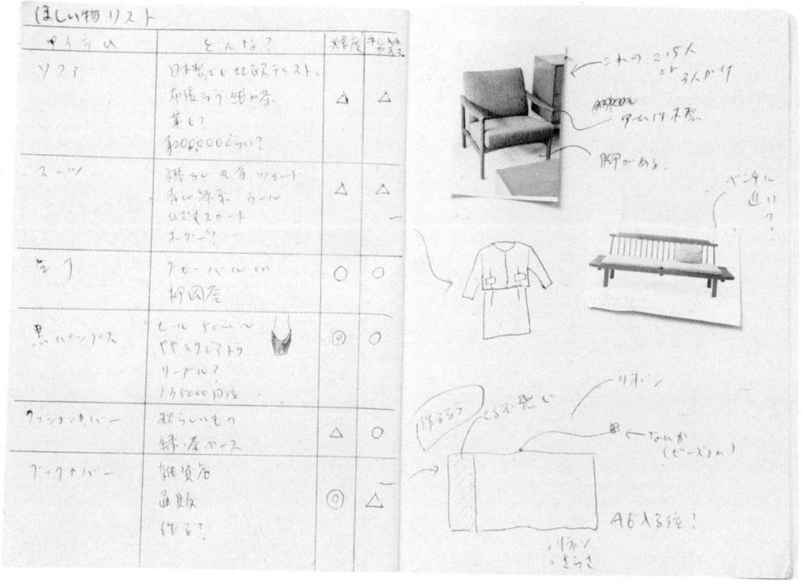

准备一个专用笔记本，还可以贴上从杂志里剪下来的实物图，让列清单变得更有乐趣。在这一过程中也会意识到有些物品并不需要，就可以从清单里淘汰掉它们。

想凑齐一整套品质上乘的全新家具是很费力的，所以金子利用了不少旧家具。她不喜欢价格低廉、不耐用的新品，而喜欢购买品质优良的旧物品。这让金子觉得更舒心。

为了避免购买不必要的物品，金子平时就会将想要的物品及其具体样式、必需程度、是否方便购买等列在笔记本上，并在旁边用圆形、三角形等做标记。然后，从必需又方便购买的物品开始购买。这样就能杜绝冲动购物，避免购买多余的物品。

此外，还要定期查点家里的所有物品。以此来检查是否囤积了多余的物品、现在想买的物品是否真正需要等。

04

常用物品放在显眼处，时刻注意不浪费空间及物品

购买传统餐具既是我的工作又是我的爱好，于我而言它们是可以增加的物品

我基本上没用过电视、吸尘器、微波炉等电器产品

中川觉得一打扫就组装吸尘器是很麻烦的事情，还是扫帚方便，可以在看到灰尘时拿起来就用。她非常中意这把可以悬挂的扫帚。

中川总会为了放在店里出售或觉得称心就买下某件餐具，所以家里的传统餐具不知不觉就增加了。现在这些餐具全部收纳在旧书柜里，打开柜门就能一览无余，任何一件餐具都不会被忘记使用。

中川千惠

在东京经营一家杂货店，平时也创作关于生活方式和美物的随笔。独自生活在东京市区内的公寓里。

搬进公寓之后，中川拆掉了两个房间之间的推拉门，换成了薄布帘，这样房间就有了深度，而且还能眺望旁边公园的景色，为房间增色不少。

房间里有很多收纳空间，但中川还是会注意不囤积东西。而且绝对不会一个劲儿地往收纳空间里塞东西，反而会特意空出来一部分。

常用物品都放在明处，即使是收起来的物品，也保证一开柜门就能看到全部。

对中川而言，餐具和书是可以增加的物品。此外，中川基本不买什么东西。

使用旧家具可以避免浪费，使用方法因人而异

无论餐具还是家具，中川都喜欢能一物多用的。这个小书桌是他祖母用过的，现在中川把它放在拆下来的旧桌面上，做成壁龛风格的待客桌。招待客人使用的又重又大的餐具不方便收在柜子里，所以就摆在明处，平时用来放水果或根菜类。

只购买可以一物多用的必需品

由于拆除了两个房间之间的推拉门，而且房间里没有大柜子、大床等大件家具，所以室内空间非常开阔。只使用生活中不可或缺的物品，而且一件物品开发出多种用途，所以没必要购买太多的物品。

中川对家具尤为执着，遇到真正喜爱的家具才会购置，在那之前他会想方设法地利用现有家具。

中川觉得如果为了暂时用着而购置一件家具，不喜欢又不能处理掉，之后的麻烦事会很多。

搬进这间公寓时，中川就决定只用真正不可或缺、最少量的物品去生活。

将心爱的家具摆放在厨房和日式房间，一物多用

只有桌子台面是定制的，这个独特的餐桌也可以架在折叠式桌脚上使用。客人多时，将桌面放在日式房间当矮桌用，平时则架高当操作台和电脑桌使用，能够发挥200%的作用。

在没有遇到称心的大件家具之前，绝不出手购买

对增添大件家具持谨慎态度，虽然很想购置一个衣柜，但一直没有遇到称心的。用包布收纳衣物也很简单好用。

一旦超过这个收纳篮的容量范围，就立刻清理

将文件、手册等尺寸较大的纸制品暂时收纳在铁丝编筐里，放满了就清理一次。

珍惜好不容易遇到的心爱之物

很长一段时间，房间里都没有壁钟。最后终于遇到了中意的壁钟，准备珍惜地用上很多年。

中川家里稍大的家具就只有书架和日式书桌。

厨房里的桌子只定制了桌面，这也是选了很久才购置的心爱之物。将桌面架在折叠式桌脚上就能做餐桌，也可以单独移动到其他地方使用，非常方便。

现在，中川既不看电视，也不用吸尘器、微波炉。虽然喜欢看电视，一看起来就停不下来，很浪费时间，所以她把电视处理掉了。

这些锅功能强大、外形美观，可以直接盛好料理端上餐桌

按用途分类摆放平锅、铸铁锅、砂锅等，煎炒烹炸或加热剩饭都用这些锅来做。它们有一个共同点，那就是外形美观，料理做好之后可以直接放在锅里摆到餐桌上。

预留展示空间，随心情变换摆设

玄关处鞋柜上是展示空间，房间里这样的场所并不多。装饰物品不会频繁变换，只是偶尔加减一些摆设来转换心情。

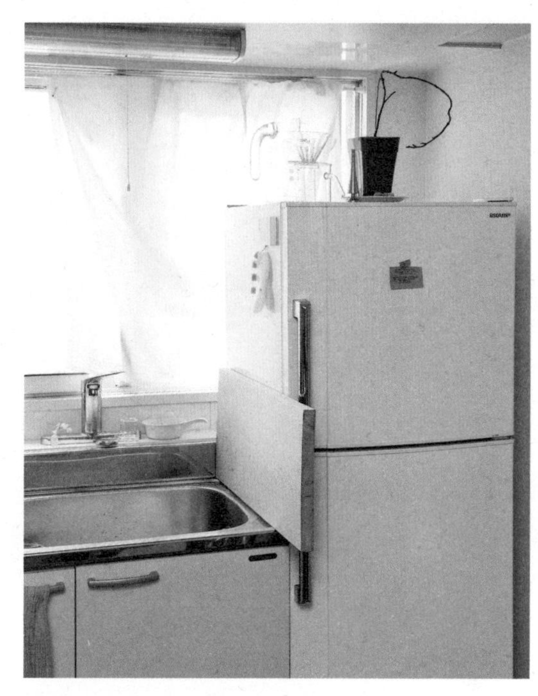

厨房里只放习惯用的厨具

忙碌时也尽可能自己做饭，虽然不太会做，但待在厨房里心情就能平静下来。厨房的陈设也很便于做饭，每件厨具都是精心挑选出来并且用习惯的。

开始没电视时还有些不踏实，但慢慢地中川就把时间用在了有意义的事情上，比如读书、写文章、编织等，心也跟着慢慢变纯粹了。

现在中川觉得用扫帚扫地、用锅加热食物也非常方便。虽然用锅做饭会多费一些时间，但我能从中体会到做饭的乐趣、食材的新鲜、季节的变换等。而且用扫帚扫地能让我意识到哪里积的灰尘多。

做饭和扫地都是同样的道理，亲自付出劳动使中川有了一些发现和充实感。最近，中川完全没有浪费一点时间或空间，他能感觉到自己在过真正的生活。

05

喜欢购买各种小物件，但长期不用的会果断处理

开放式收纳，既方便，又有助于养成不囤积东西的习惯

关根不想增加房间里的大件家具，开放式收纳架是购买木材和五金配件，然后自己动手组装的。她觉得开放式收纳既方便，也不用隐藏物品，很自然。

关根由美子

家居小物、亚麻织物进口公司的经理，同时经营着一家出售亚麻小物、西服的商店。与丈夫一起生活在东京的独栋住宅中。

虽然关根从事与家居小物、西服相关的工作，但是家里的东西并不算多。在关根自己组装的木制开放式置物架上，几乎摆放着所有的餐具、书籍等。

如果把它们收进柜子里，很快关根就会忘记物品的位置，所以他喜欢开放式收纳。开放式置物架的另一个优点就是，能让他自然地养成整理物品的好习惯。

让开放式收纳看起来清爽整洁的秘诀就在于，将同种类的物品集中放置在一起，并且注意颜色的统一。

不同种类的物品放在一起，不仅没有规律，也难以取用，如果颜色也不统一，那看起来就非常杂乱无章。

关根对于物品的喜好一直都没怎么改变过，所以家里不会有一些风格迥异、零七碎八的东西。多数情况下，无论新旧物品都能自然、融洽地共处一室。

虽然家里的东西不多，但关根是个购物狂。可能是工作的原因，她通常会亲自体验一下商品，这样才能知道使用感受到底好不好。关根一般都会“闪购”看中的商品，但也会果断处理掉使用感受不好的、超过一年没用的物品。

每隔半年，关根会去一次旧货市场。有些东西不适合她，但可能其他人会喜欢，一想到某件物品还能成为别人的心爱之物，关根就觉得很高兴。

开放式收纳可以让人享受展示的乐趣

客厅与餐厅的开放式置物架非常简约，仅仅是在墙壁上安装了几块搁板。书和餐具排列得极具美感。

（右一）摆放在客厅中间的套几起装饰作用。过于朴素也不好看，所以用了可爱的小物品稍加点缀。鲜花为色彩单调的房间增添了几分大自然的色彩。

（右二）将五颜六色的物品集中放在大号收纳箱里。只要一盖上盖子立刻就会变清爽，也不会发生找不到光盘的情况。

利用可爱的小物品来装饰，但要注意控制数量

将彩色的物品放入带盖的收纳箱中

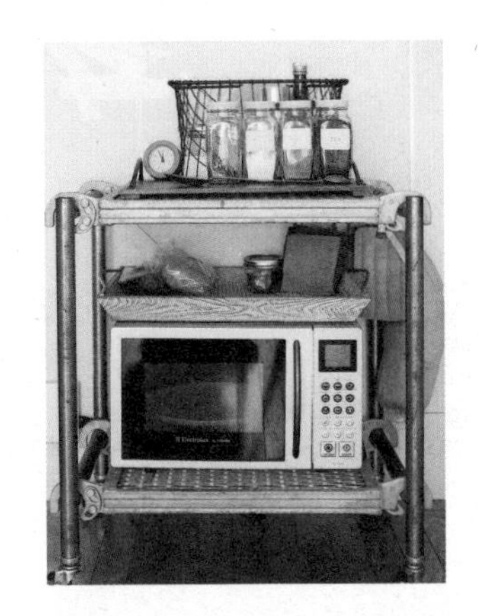

不贮存食材，即使麻烦，也等需要的时候才去购买

食材全部收纳在厨房的小餐车上，数量维持在必需的最小限度。一般不囤积食物，即使稍微费点事，也会现用现买。小餐车是用工地上的脚手架做成的，既结实又好用。

将颜色、形状极具个性的餐具隐藏收纳在橱柜抽屉中

厨房的抽屉式橱柜里，收纳着颜色、图案、形状都十分别致的餐具。如果将它们都摆出来，会显得乱糟糟的。关根制定了一条规则，只有白色或透明的餐具才能摆在明处。

不增加颜色的数量，基本上统一为白色或原木色

将餐具全部隐藏收纳在橱柜中，并且将颜色数量控制在最少。室内设计基本上统一为白色或原木色。最关键的一点就是，要保持开放式收纳和隐藏收纳的平衡。

06 慎重选择贵重家具，食材及日用品即将用尽再购买

出门要带的物品分别放在夫妻二人各自的木制容器里

将夫妻2人每天出门都要带的小物品分别放置在两个容器里，既能节省取放时间，又能避免在忙乱的早晨翻找东西。

为了美观和方便，将相同大小、相同颜色的餐具叠放在一起

图案、大小各不相同的餐具摆放得再整齐，也会显得杂乱无章，所以要尽量将相同大小、相同颜色的餐具叠放在一起。另外，收纳时要留出一些空间，以便顺利取放，这也是整洁收纳的窍门。

宫胁彩

散文作家。自幼成长在重视家人用餐氛围的家庭中，因此她既喜欢烹饪也喜欢品尝美食。

通过创意、加工，使心爱的家具用得更长久

宫胁彩的爸爸传给她的钱箱是古董，现在被用作电视柜。钱箱内部还加了架子，收纳时可以大显身手。

虽说尽量不买东西，但书还是不断增多。因此宫胁彩定了一个原则，当嵌入式书架放不下时，就将不再读的书淘汰掉。

宫胁彩和丈夫一起生活在她爸爸传给她的70m^{2}房子里，使用的家具也都是爸爸传下来的。对她而言，它们是最重要的人曾经最珍惜的东西。所以为了能保留这些家具，宫胁彩严格要求自己只购买必需品，绝对不买没用的东西。

宫胁彩尽可能不购置新物品，而是思考如何运用现有的东西。如果不得不购置一些物品，她会非常慎重地考虑这件物品是否必需，然后去实体店量好尺寸，回家认真琢磨把它放在哪里。这些都考虑过后，依然认为是必需品，她才会购买。

宫胁彩家的厨房略小，只有3.3m^2，所以她尽量不囤积食材及日用品，等到快用完时再去购买。一般购买日用品时，很容易禁不住打折的诱惑而囤积很多，但是要知道囤积多余的物品是收纳的大敌。如果不囤积物品，那空出来的空间就可以用来收纳她心爱的餐具。

其实，能否高效利用有限的空间过舒适的生活，都是自己的意志决定的。

07 用旧物展现高雅品位，整理要兼顾看得到和看不到的地方

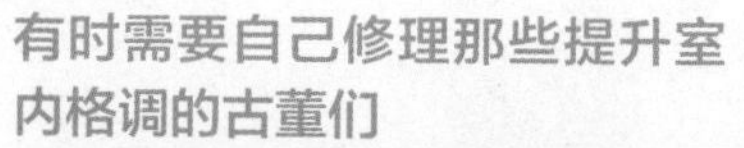

有时需要自己修理那些提升室内格调的古董们

近百年前德国制造的钟表，是在古董商店淘到的。当时表已经不走了，但尼尔修好了它。两人只购买真正喜欢的物品，并爱惜地使用着。

尼尔与川井加世子

尼尔在东京经营着3家尼泊尔、印度料理店，加世子则是建筑师。夫妻二人与爱犬罗密欧、艾米丽生活在一起。

集中摆放零碎物品，且要井井有条

客厅一角的架子上排列着许多瓶子等容器，它们都是在各地的古董商店里淘到的心爱之物。这些零碎物品，如果都集中摆放在一个地方，看起来就会很美观。

夫妻两人都很喜欢古董，一般很少购买现代大批量生产出来的商品。因为从古董上可以感受到辗转的沧桑、留存至今的温暖，以及旧时手艺人一丝不苟的态度。

周末，夫妻俩会一起逛古董商店，即使外出办事也会忍不住跑到旧家具店淘宝，时常会带着意想不到的收获回家。尼尔还喜欢修理物品，所以坏掉的物品只要设计美观也会入手，然后再自己修理。

家里的物品很容易增加，但因为两人搜集的物品格调相似，所以也还是很清爽、整洁。尼尔喜欢天然材质，甚至觉得上面的擦伤和污渍也是值得品味的，所以会长久地使用旧家具。

不使用的物品都放在储存室里，比如他们拥有很多灯具，但只会选择最称心的拿出来使用，其他的就都放在储存室里。

（右一）卧室里随意悬挂着吊灯，这盏灯的灯罩是在法国的跳蚤市场上淘到的漏斗。当然，这也是尼尔的作品，他巧妙地利用了充满回忆的旅游纪念品。

（右二）厨房天花板上悬挂着正在变干燥的花和叶子。悬挂用的白铁圈是尼尔的手工制品。

跳蚤市场淘的旧漏斗也变为极具韵味的吊灯

正在变干燥的花和叶子一并悬挂在天花板上

用白色及天然材质统一卧室风格，打造出令人愉悦的家居空间

（左）在卧室里摆放上编筐及盆栽等，营造出自然氛围。过去喜欢东南亚风格的家具，但现在喜好变了，所以将家具漆白了，墙壁和床上用品也统一为白色。

（右）加世子的工作室。桌子旁的手工制置物架上摆放着小装饰，打造出了能够平复心情的氛围。工作区很容易让人感觉冷冰冰的，这个创意将这里装饰得既质朴又趣致。

通过手工打造的置物架将工作环境转换成纯粹、放松模式

柜门、抽屉里也要收拾得井井有条

加世子的原则是，不将增加的物品胡乱塞进柜子，看不到的地方也要收拾得整整齐齐。碗和盘子叠放在一起，矮的放在前面，这样一目了然。亚麻桌布和杯垫则放在较浅的抽屉里。

他们家是加世子十年前亲自设计的，通风和采光极为讲究。通过增加窗户尺寸、加设天窗等方式，使室内空间也能感受到自然之美。因为地皮面积不大，所以加世子想方设法创造出通畅的感觉，比如做挑高、打通房间等。

虽然设计时已经绞尽脑汁创造出宽松的空间感，但加世子家的东西比较多，所以还是很注意收拾、整理。特别是橱柜等，加世子觉得越是看不到的地方越要整理好，这样才能知道哪些东西收在哪里，也可以掌握物品总量。

加世子和丈夫能很好地分工合作，他只要一看到灰尘就会立刻打扫，所以他们家总是会在不知不觉间收拾干净。

风从一扇窗吹向另一扇窗，室内也能感觉到空气流动，令人心情舒畅

东南亚度假村般的挑高，为空间带来开阔感

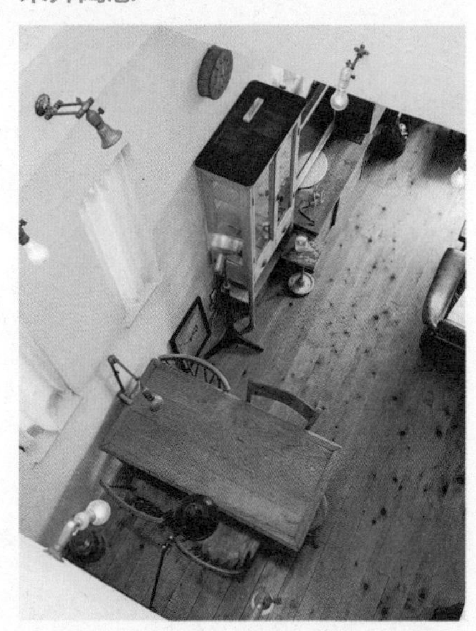

（左）大窗户前悠闲自得的尼尔和爱犬罗密欧。错落有致地摆放物品打造出空间的通畅感。

（右）在家里正中的位置做出挑高，很像东南亚的酒店。不安装门，房间与房间之间只有大致的分区。通畅的空间就产生了开阔感，即使物品很多，也不显得拥挤。

玄关很容易杂乱无序，但相同的材质可以营造出清爽、整洁的感觉

玄关很容易变乱，通过摆放相同材质的置物架和台灯将这里变为具有实用性的展示区。访客拖鞋统一为相同的款式及材质，随意地收纳在铁丝筐篮里。这样，玄关就清爽了不少。

PART 6

玩转收纳工具

好用的收纳工具，是整理房间的好帮手。无印良品、宜家、大创等都是充满收纳创意的宝库。好用的收纳工具还可以让人感受到收纳、室内设计的乐趣。

A 亚麻布类叠放整齐，其他物品可随意些，使收纳有致

将零碎小物放入收纳篮，其他物品则随意收纳，这样既方便又美观。常用的亚麻布类也放入收纳篮，放在最下面一层，便于取用。

塑料收纳盒

将便携水壶套放进收纳盒，就整洁多了。

带盖的方形编篮

收纳抹布、厨房毛巾，以及写冷冻食品标签的文具。

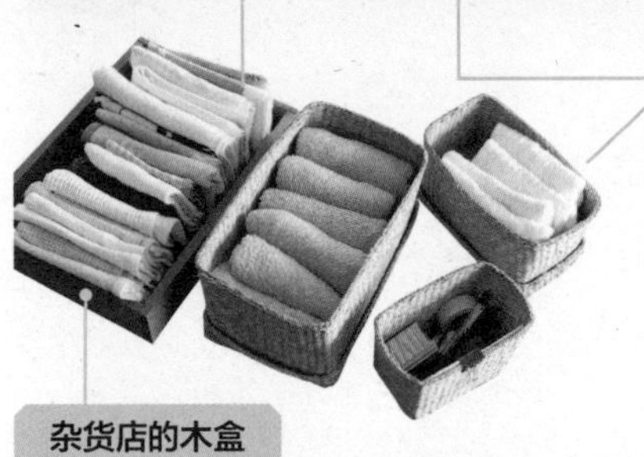

杂货店的木盒

收纳擦拭餐具用的亚麻布。亚麻布折叠后竖着放，方便取用。

B 下午茶用具集中放置，并通过收纳工具巧妙分类

茶壶、茶叶放在一起，方便操作。将茶包等放入带盖的防潮收纳罐，不怕潮的树胶糖浆则放在小盒子里。

化妆品收纳盒

未开封的咖啡豆、咖啡粉、树胶糖浆也能收纳得整整齐齐。

带盖透明收纳罐

将条装砂糖、茶包、大麦茶等存在罐子里。

H（广岛县），4室1厅的公寓，约$89m^2$，四口人居住

H与丈夫及两个女儿一起生活。一边做兼职，一边照顾两个女儿。

Case 01 打破常规，灵活使用收纳工具，打造方便、美观的收纳空间

厨房的橱柜上只放了一个木制托盘，客厅里除了铁艺，尽量不将物品摆在明处，日常用品全收纳到柜子里，这就是H的原则。

她灵活使用各种收纳工具，打造出了美观的收纳空间。而且，她不局限于物品的原有用途，经常自由发挥，比如用黏土收纳盒来放厨具等。

H经常在做家务时想到某种形式的收纳工具，然后就会去寻找符合的物品，哪怕它的原本用途与想到的有差异。使用与自己想象一致的物品，更能享受到便利收纳的乐趣。

高柜提供了充足的收纳空间，使橱柜及餐桌保持整洁。选择与橱柜同色系的柜子，不会产生压迫感。

大化妆品收纳盒

将芝麻等袋装调料及小零食，竖着放在盒子里。

小化妆品收纳盒

将小袋装的食材放在高度减半的小盒子里。

将易叠放的收纳盒放入较深的抽屉，充分利用每一寸空间

较深的抽屉中收纳着常用食材及调料。先将小袋装调料等零碎物品放入可叠放的收纳盒中，再放进抽屉，既整齐又方便取用。

C 将便当盒类物品按使用者分类后放入收纳箱

便当盒一般带盖子、筷盒等许多附件，但只要把不同人的便当盒分别放入不同的箱子，就能快速取放。H还很有创意地用无痕胶布将磁力白板贴在柜门内侧，再用磁铁将小女儿的食谱贴在白板上。

带拉手收纳箱

左右两个收纳箱分别放丈夫和大女儿的便当盒。收纳箱带拉手，方便取出。

D 玻璃制品及菜碟放在较浅的抽屉里，方便取用

将常用餐具类放入较浅的抽屉，可以一目了然，抽屉深处的东西也能轻松取用。抽屉带有静音缓冲设计，可以放心地收纳玻璃制品。

将超大号盘子竖放在盘子架上

直径20cm以上的平盘叠放比较重，而且放在下面的盘子难以取用，也容易损坏，因此将它们竖着收纳。

木制盘子架

所有的大盘子都一目了然，可以根据菜品种类来选择。

白色木盒

将餐垫折叠成相同的形状收纳在木盒中。带图案的纸质餐巾及吸管也收纳在这里。

铁皮收纳盒

将杯垫竖着收纳进去，方便选择。

天然材质编篮

上层贮存面粉等粉类食材，下层贮存砂糖、意大利面等食材。

E 北欧复古风茶具也是室内装饰的点睛之笔

橱柜台面上的陶瓷茶壶是瑞典品牌，有浓郁的北欧复古风。装饰胶带用来密封已拆包的食品，很方便。

F 柜子里收纳了餐桌常用小物品，空余处贮存食材

餐垫等亚麻布类物品放在木制收纳盒里，以便整个搬到餐桌上。无法折叠的物品用夹子夹起来，挂在柜门内侧。柜子里还收纳着食材和保存食材用的空瓶子。

饭厅&厨房

餐具收纳盒

筷子、菜勺、筷架分别放在三个收纳盒中。

将筷子等餐具收纳在餐桌的抽屉里

H选择了带抽屉的餐桌，可以收纳筷子等餐具，餐前准备时会很顺手。

纸巾盒

这个纸巾盒刚好可以放在浅抽屉里，设计也十分简约。

纸巾盒也要有专属位置

H的原则是桌面上绝不放置日用品，因此H座位处的抽屉是收纳纸巾盒的固定场所。在抽屉深处还放有擦手的小毛巾。

厨房

水槽下方

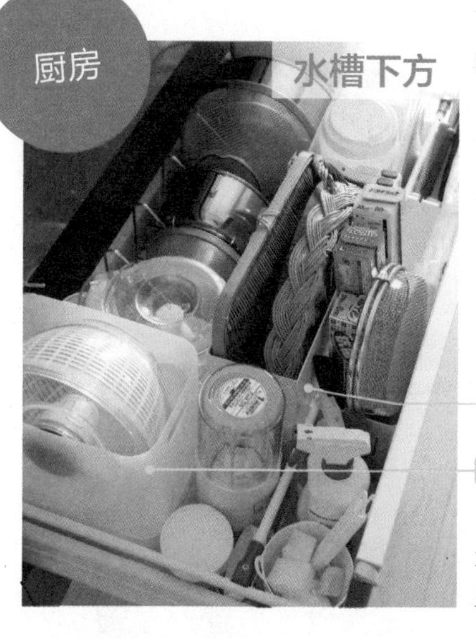

文件收纳盒

放托盘和较浅的编篮，还能够防止编篮走形。

化妆品收纳盒

将小号蔬菜脱水器横放在收纳盒里，尺寸刚刚好。

灵活使用收纳工具，巧妙利用大抽屉的每一寸空间

水槽正下方的大抽屉是很好的收纳场所，用收纳工具给抽屉分区，可以达到节省空间、井然有序的目的。笊篱和大碗竖着放在锅架上，方便取用。

黏土收纳盒

用黏土收纳盒收纳比萨滚刀、饼干模具、一次性筷子、蜡烛等，并在盒外贴上标签。

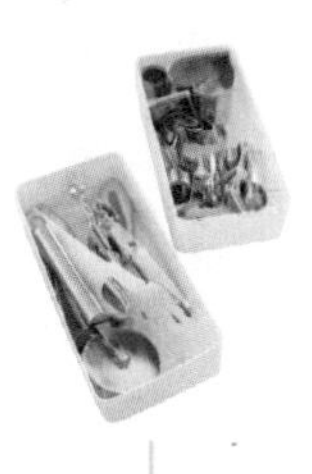

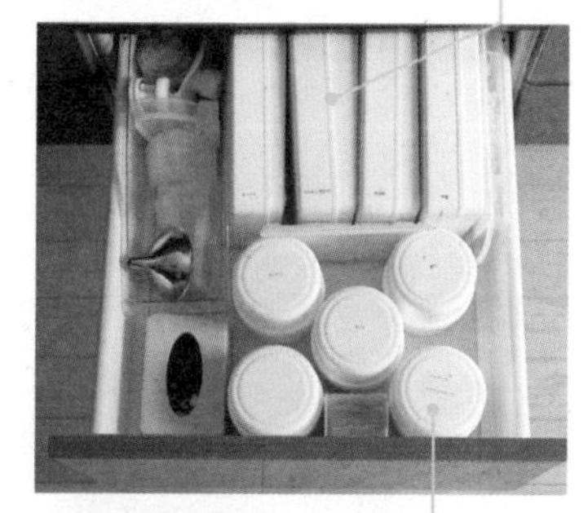

带盖容器

分别收纳着便当小叉子、装小菜的小纸杯、装酱汁的小瓶子等。

用黏土收纳盒放厨房用具，尺寸刚好

H想用带盖的长方形小盒子收纳使用频率低的厨具，而黏土收纳盒正符合她的要求。将收纳盒放在下层抽屉的深处，清爽整洁。

灶台下方

密封保存罐

将盐、砂糖、西式高汤料、中式高汤料放入罐中，再分别贴上标签。

用密封罐收纳调料

用密封罐储存常用调料，罐子是方形的，而且刚好可以放在上层抽屉里，方便使用。

锅具专用架

叠放的锅具很难取出，这个架子可以竖着收纳锅具。架子的间距可以根据锅的尺寸调整。

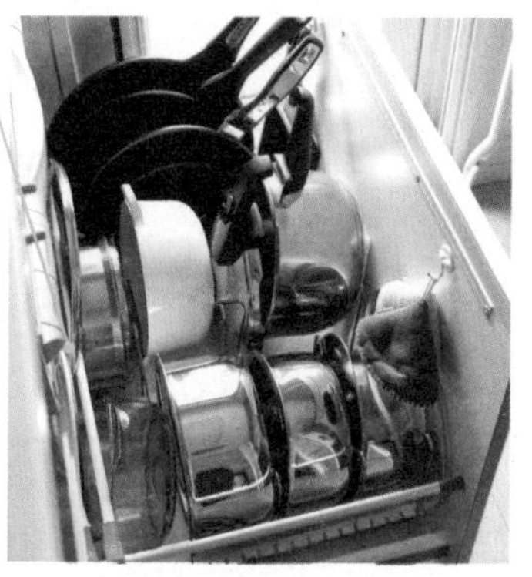

将锅具的锅柄朝上竖着放

灶台下的抽屉中收纳着锅具，而且都将锅柄朝上竖着放，这样便于取用。抽屉内侧贴上粘钩，可以挂端锅用的锅柄隔热套。

广口搅拌瓶

左边的瓶中放着不锈钢菜勺、手动打蛋器等，右边的瓶中放着木铲等。

厨具也收进抽屉中，防止油污

为了避免沾上油点等污渍，H把各种餐具放进广口搅拌瓶，收进抽屉里。旁边的密封容器中储存着面粉和淀粉。

零碎的日用品收入无印良品的收纳箱

客厅一角的嵌入式收纳柜中，分类收纳着日用品，收纳工具统一为白色或灰色。半透明盒子的内侧放入白色塑料板，这样从外面就看不到盒子里零碎的物品了。

抽屉式收纳箱

上层放文具。中层叠放着两个收纳箱，里面是螺丝、螺丝刀等工具。

抽屉式收纳箱

收纳着在餐桌及沙发、茶几处要用的文具。

抽屉式收纳箱

收纳着印章、标签打印机等文具。

文件收纳盒

分类保管着收据、家用电器的使用说明书等各类文件。

便携式收纳箱

将感冒药等常用药、酒精消毒液等保存在方便搬运的收纳箱里。

抽屉式收纳箱

收纳着一次性口罩和暖宝宝。收纳箱能装多少就买多少，不能超量。

H的“极简整理与收纳工具”3大原则

Rule 01

基本用深棕色家具、白色收纳工具，减少色彩数量，清爽整洁。

胡桃木等颜色重的木制家具，能令空间看起来大气、沉稳。收纳工具以白色为主，置物架及抽屉也收拾得井井有条，十分美观。

Rule 02

极具个性地灵活运用收纳工具，提升收纳空间的利用度。

在黏土收纳盒中放厨具、在化妆品收纳盒中放食材……如果不被固有观念所束缚，完全可以随心所欲地利用这些收纳工具，实现自己理想中的收纳。

Rule 03

巧妙利用收纳工具颜色、外形、功能等特性，轻松收纳物品。

需要单手取用的物品，放入带拉手的收纳盒，零碎物品放入可叠放的收纳盒。根据想要收纳的物品，来选择相匹配的收纳工具。

将充满回忆的婴儿鞋放在玻璃柜中做装饰

放置在客厅收纳柜上的玻璃柜里，摆放着H及两个女儿的婴儿鞋，还配有造型可爱的香氛蜡烛做装饰。每次看到它们都会回忆起美好的过去，在有客人到访时也是很好的话题。

H家有小宝宝，东西很容易乱，所以她选择了能够轻松打扫的隐藏式收纳。

选择的颜色基本上都是白色系，即使几件收纳工具并排摆放，也十分清爽、整洁。H最中意的是无印良品的商品，设计简约且能够将大空间分隔为小空间。

挑选餐桌时，选择了带抽屉的桌子，能轻松收纳餐具、纸巾。正因为严格控制了摆在明面上的日用品数量，才能打造出舒适的起居空间，享受充足的阳光和木制家具的天然质感。

厨房

编织提篮

将厨房常用的亚麻布收在提篮里。

编织提篮

通常置物架下的橱柜台面上放便当盒，因此将包布收纳在这里极为方便。

圆形编篮

圆形编篮用来装面包，也可以放茶包。

玻璃储物罐

茶包、糖浆、奶油球等与红茶相关的食材分类收纳在储物罐中。

编织提篮

用北欧风格的亚麻布覆盖在篮子上，可以用来遮挡面包、点心等。

客厅与餐厅

家里有小宝宝，但客厅兼餐厅也总是收拾得一尘不染、井井有条。客厅墙上的装饰性置物架是唯一一处展示空间。

客厅兼餐厅里的所有物品都用编篮收纳，看起来很可爱

厨房内侧的墙上安装了开放式置物架，展示型收纳。搭配上充满北欧风情的编篮和成套的储物瓶，打造出了质朴、自然的氛围。

冈部绫（神奈川），3室1厅的公寓，约88m²，四口人居住

冈部绫自己创作手工童装，与在面包房工作的丈夫及两个宝宝一起生活。

Case 02 利用编篮和抽屉式收纳箱打造孩子也方便取用的收纳空间

冈部发觉自己更适合隐藏式收纳，于是就开始在这里下功夫。

她最基本的原则就是，在使用场所附近一步到位地收纳。将零碎物品分类收纳在编篮里，且绝不使用不好拿的带盖收纳篮。

此外最关键的一点就是，无论哪种收纳，都要让家庭成员方便收拾，让大家能够轻松、愉快地生活。

公用物品尽量放在易取易收的固定位置（主要是客厅），并贴上标签，让每个人都知道这是什么东西。

对孩子来说危险的物品或者被孩子碰倒会很麻烦的物品，全都放在他们取不到的地方。每天都要从孩子的视角看世界，随时调整适合的收纳方式。

纸绳编篮

竖着收纳孩子们的便当盒，一目了然。

分类收纳便当盒的隔断及装饰等。

收纳对孩子来说有危险的漂白剂等物品，应该放在孩子够不到的地方。

用来收纳便当盒及马克杯。预留出空间，会很方便。

水槽上方收纳着常用的餐具、便当盒类用品、清扫工具等

将常用餐具及便当盒放在水槽上方，这样清洗完就能够立即收纳。都是小件餐具，不必担心架子的强度不够，另外，还安装了抗震锁，确保万无一失。

抽屉式收纳盒

分类收纳着做便当要用的小纸杯、小叉子等。

书挡

大件餐具收纳在书挡之间，减少占用空间，且便于取用。

水槽下方收纳着常用的大号餐具、大米等

将厨房里较重的物品收纳在水槽下方，这样易取易收。这里有大号餐具、大米、厨房保鲜袋等。

做饭时会频繁地取放厨房里的物品，而冈部的梦想是移动半步就能拿到所需要的物品。所以她不断研究收纳的便利程度，并加以改善。

毛榉材质编篮

将多功能搅拌器的全套用品集中放在收纳篮里，干净利落。

收纳着保鲜膜、锡箔纸、保鲜袋，在旁边的台面上使用起来很方便。

铁制置物架

小家电的配套用品很容易丢失，将它们集中放在收纳篮里保存。

常用的点心模具放在编篮中。

将小家电的配套用品放入编篮里保存

厨房里的铁制置物架收纳小家电及常用厨具。手握式多功能搅拌器的使用频率相当高，在收纳它时花了一些心思。

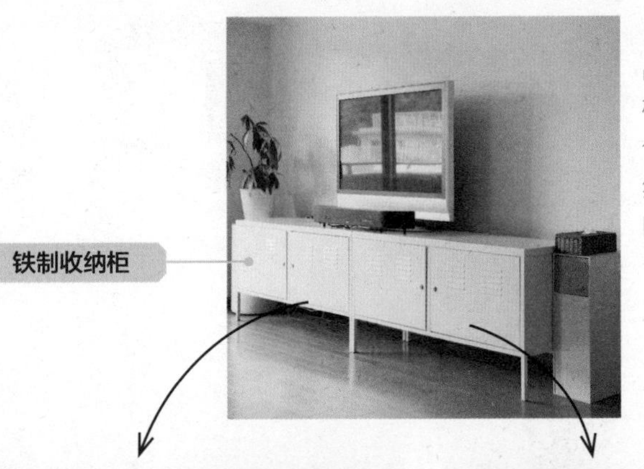

铁制收纳柜

客厅

家人常用的物品全部收纳在电视柜里。并排摆放两个相同的收纳柜，然后挑选出家人在客厅常用的物品，一并收入柜中。

藤编收纳篮

尺寸合适，材质好。

集中收纳游戏相关物品

用编篮分类收纳游戏软件。设法将接线板也放进了柜子里，这样音响及游戏机类的接线就不会缠在一起了。

收纳零碎的日用品和打印机

柜子里的置物架可调节，将其调高，就可以收纳打印机及抽屉式收纳箱。左上方的窄缝固定收纳打印纸。

抽屉式收纳箱

与电视柜高度相匹配的收纳箱里，分类收纳着日用品。

将游戏软件分类收纳在编织篮里

根据游戏机的种类，利用收纳篮分类收纳游戏软件。同类物品集中放在一处。

绘画用品放在孩子能够取用的地方

彩色铅笔、素描本等绘画用品很难与玩具收在一起。将它们放在孩子能够取用的地方即可。

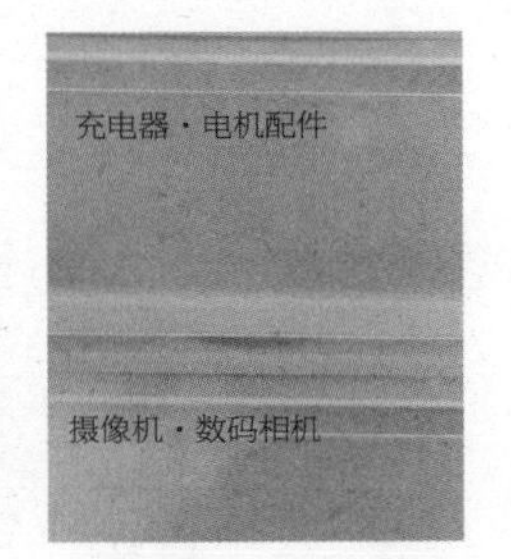

给药物、文具、日用品贴上标签

一旦知道某件物品的收纳位置，收拾的动力就会高涨。爸爸和孩子们都会自愿收拾。

标签打印机

给抽屉和文件夹贴标签时，它是必不可少的。也能打印出手写体，在打印幼儿园姓名贴时可以派上用场。

儿童橱柜

抽屉式衣物收纳箱

收纳着旧鞋子、泳装、救生圈等。

将过季衣物、旧衣物放在最上层，再用帘子遮挡上

将过季的衣物以及孩子穿不了的衣服放在真空袋里保存，这样比较节省空间。

中间的挂衣杆上挂着外衣类衣物。同抽屉的位置一样，左侧挂的是女儿的外衣，中间挂儿子的外衣，最右边的几件是万圣节专用的衣服。最右边的抽屉式收纳箱是为即将诞生的家庭新成员准备的收纳空间。

抽屉式衣物收纳箱

在收纳箱内侧垫上漂亮的包装纸，就能给人清爽、整洁的印象。

用收纳盒给抽屉分区，小孩子也能轻松取用

左侧放女儿的衣物，中间放儿子的衣物。每一列的外侧放内衣及袜子等小物件、中间放上衣、内侧放裤子。

塑料收纳盒

用收纳盒为外侧的小物分区，竖着收纳以便取出。

塑料收纳盒

隔断是可以调整的，这一点非常便利。

冈部家“极简整理与收纳工具”3大原则

Rule 01

用编篮和抽屉式收纳箱分类收纳零碎物品。

利用编篮和抽屉式收纳箱，将易散乱的小物件按种类分类收纳。较高的地方放编篮，较低的地方放抽屉式收纳箱。

Rule 02

要收纳的物品决定收纳工具的尺寸及材质等。

收纳物品不同，收纳篮也不同。放较重的物品要用藤编或是毛榉材质的，放较轻的物品要用纸绳或是树皮编的。预先想好要收纳的物品，这样才能选择尺寸。

Rule 03

精心设计，让小孩也能轻松取用。

无论是收纳篮还是抽屉式收纳箱，打开以后物品都一目了然。为此，冈部付出不少努力，比如说在大收纳工具中分区或是在收纳方式上动脑筋。时刻留意一切都要从孩子的角度来看。

客厅兼餐厅摆放着宜家家具。家里有两个男孩，所以家具颜色以黑色、白色为基调，再用绿色点缀。

客厅&饭厅

Case 03 物品用完后立刻收回，简便又干净

渡边典子（千叶），2室1厅的独栋住宅，约$100m^2$，四口之家

渡边的兴趣是手工制作，经常自己动手加工小物品及宜家的产品。与丈夫及两个儿子生活在一起。

渡边是超级狂热的宜家粉丝，原因之一是她家离宜家非常近。家里的家具以及收纳工具大部分都是宜家的产品。

因此，渡边的收纳方式就是把物品全都收到箱子里。在使用场所附近留出固定位置，只要一用完就把物品放到箱子里，现在家里的每个人都在执行这条简单的规则。平时就把东西随意扔进箱子里，闲暇时或是东西多得装不下时，集中整理一次。

客厅、餐厅、厨房是家人最喜欢的休闲空间，所以这里的东西难免越来越多，但只要为它们准备各自的收纳箱就能让人轻松管理。渡边费了很多心思，让丈夫和孩子们也能方便、快捷地收拾好杂乱的物品。

规定好收纳位置，就可以享受展示的乐趣了

渡边将装饰小物品固定位置、集中摆放，可以一目了然地看见所有的物品。容易散乱的物品都干净利索地收拾起来了，展示品才如此醒目。

对方便搬运的带盖子收纳箱进行加工

将爸爸和大儿子的零碎物品放在带提手的收纳箱里，再给箱子做一个盖子，这样既方便搬运，也不会落灰。做盖子的原材料是宜家的餐垫。

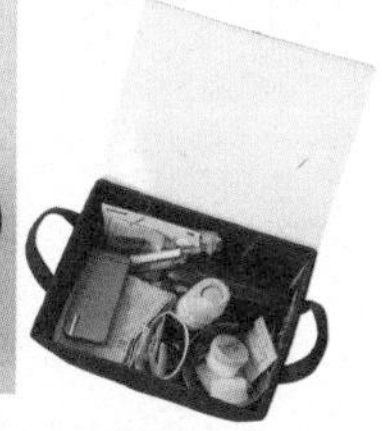

每个人选择位置来放置自己的收纳箱

每个人都会往客厅、餐厅拿东西，所以渡边制定了一条规则，每人一个收纳箱，把自己的物品都放在自己的箱子里。其他的工具和桌布等物品，则根据用途集中收纳。

小儿子书包的收纳空间

小儿子还没到自己能够整理书包的年龄，所以在客厅开辟了一块收纳书包的场所。

带拉手的塑料收纳箱

小儿子的收纳箱里面主要放小儿子去朋友家玩时要带的物品。

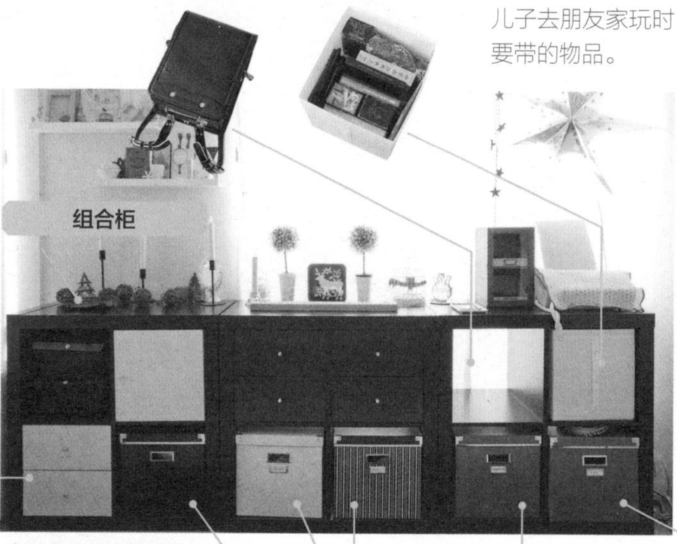

组合柜

组合柜专用抽屉

爸爸的抽屉 私人物品及充电电池等常用物品放在抽屉里，易取易收。

工具抽屉 渡边喜欢DIY各种手工制品，所以将工具放在抽屉里，便于取用。

带盖纸制收纳箱

储备品收纳箱 收纳电池、螺丝钉等零零碎碎的储备品。

节日物品收纳接排箱 收纳万圣节和圣诞节的装饰品等。

妈妈的收纳箱 收纳制作手工艺作品的材料。因为通常在餐桌上操作，所以材料要离餐桌近一些。

餐桌用的收纳箱 收纳要在餐桌上使用的物品，如桌布、椅套等。

妈妈的收纳箱 收纳想保存起来的书以及与业务相关的物品。

用玻璃门收纳柜和收纳箱进行展示型收纳

带有玻璃门的收纳柜可以隔绝灰尘。挑选适合展示的收纳箱，分类收纳家人喜爱的物品，如游戏机、缝纫工具等。

玻璃门收纳柜

杂货店的纸制收纳箱

收纳各种装饰胶带，这些胶带常常用在给朋友包装小礼物的时候。

带盖纸制收纳箱

将游戏机的手柄放进收纳箱，清爽利落！

收纳着便携式游戏机的附件等。越是零碎的东西，越该放进箱子。

带盖纸制收纳箱

收纳着手工制作材料，如碎布、做蝴蝶结的缎带等。

包装礼品用的材料。

铁制信笺托盘

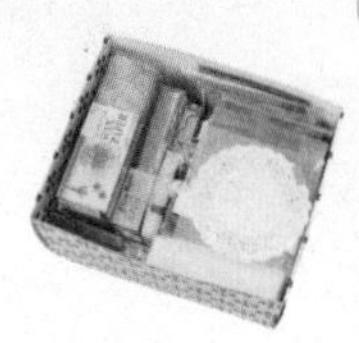

放着暂时保留的纸类物品。根据内容分类，放在不同的层。

巧妙地利用收纳性能超群的茶几和沙发周围的空间

遥控器、膝盖盖毯等物品分别放在三个收纳篮里，并排放入茶几下层。收纳篮和茶几的尺寸匹配，所以十分规整。

茶几

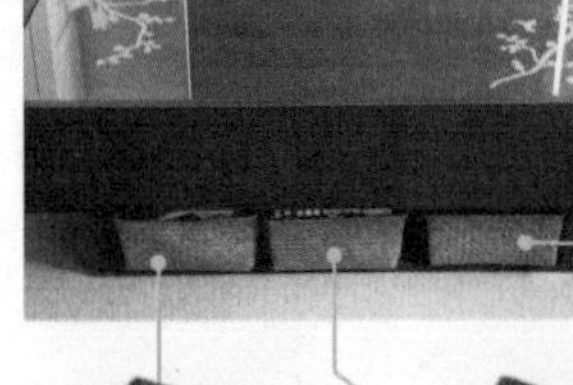

收纳篮

收纳遥控器等物品，要用时就拿出来放在茶几上。

膝盖盖毯不用时，就叠好收纳在篮子里。

渡边一般在沙发旁边打扮，所以吹风机放在这里最方便。

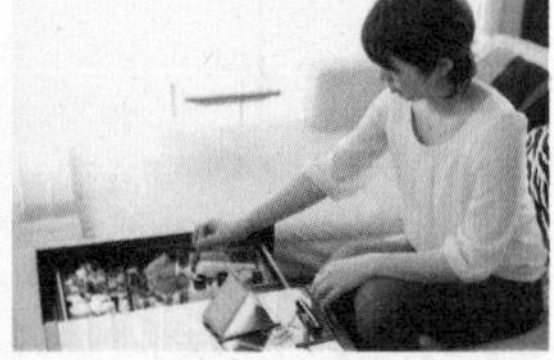

沙发附近使用的物品收纳在茶几里

茶几左右两侧各有一个抽屉，其中一个抽屉里放着化妆品，另一个抽屉里放着文具和孩子们的习题册。孩子们在客厅学习，所以在这里安排了收纳文具等物品的位置。

塑料收纳盒

四个盒子里都是储备品。这个盒子里放的是灯泡类物品及纸胶带。

控制物品数量，绝不超过收纳容量

背对厨房的柜子用来收纳小家电及储备品，如食材、灯泡、垃圾袋等。储备品一不小心就会买多，但如果收纳在固定的盒子里，并且规定“绝不超过收纳盒的容量”，那就能够保持适当的量。

保冷包

保冷包用来在夏天装便当，将它们集中收纳在一起。

厨房

塑料收纳盒

收纳洗涤剂及垃圾袋等储备品。巧妙地用宜家软菜板作盖子。

牛皮纸胶带编织篮

两个收纳篮中放有储物盒。绝不添置收纳篮放不下的新品。

芝士保存盒

收纳打扫厨房用的抹布，抹布是旧浴巾剪成的小块儿。

塑料收纳盒

四个箱子都储备食材。这个箱子收纳着薄脆饼干及袋装方便面等方便食品。

为了便于家人找到收纳盒里的物品，贴上了标签。

渡边的“极简整理与收纳工具”3大原则

Rule 01

将物品随意地收纳在大箱子里，方便家人收拾。

对于过零碎的物品、不收拾整齐就装不进箱子的物品，最好选择大的收纳箱，只要随手把物品放进去就可以了。

Rule 02

主色定为绿色、黑色、白色，既时髦又清爽。

主色不仅能够使房间看起来清爽，还能消除购物时对于选择颜色的犹豫不决，非常有效。

Rule 03

对收纳工具进行个性化加工，使它们更好用。

有些东西会让你觉得，“再有个盖子或是拉手就好了”，这时只要稍微加工一下，就能使它焕然一新。宜家的餐垫都适合改造成盖子。

18款人气收纳工具

不锈钢结构

带有特殊吸附胶纸，可以牢牢粘在冰箱、玻璃、不锈钢等平滑表面上。即使撕下来一次也能够重复粘贴使用，十分便利！

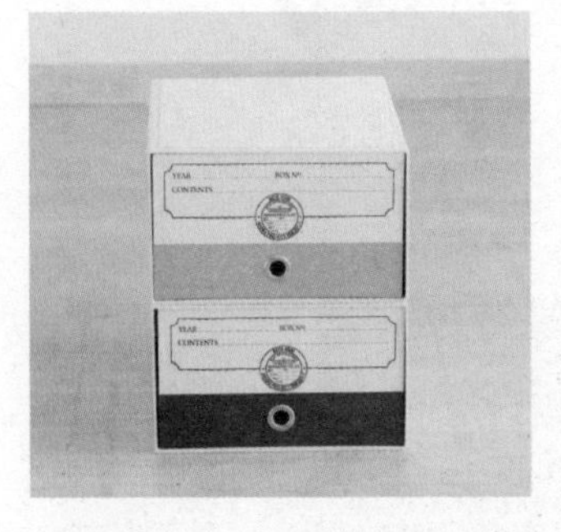

黄色和绿色搭配的双层收纳盒

这款收纳盒的卖点在于传统的设计，像是国外老邮局使用的盒子一样。此外它的材质精良，是高级卡纸，这一点也给人一种很好的感觉。尺寸刚好能放下杂志，在整理收纳文件类物品时也能大显身手。

展示架

可以用图钉来固定，因此在租来的房子里也可以放心使用。低调而简洁的设计和天然木材的质感，能够使心爱的明信片、装饰画等饰品更加出众。

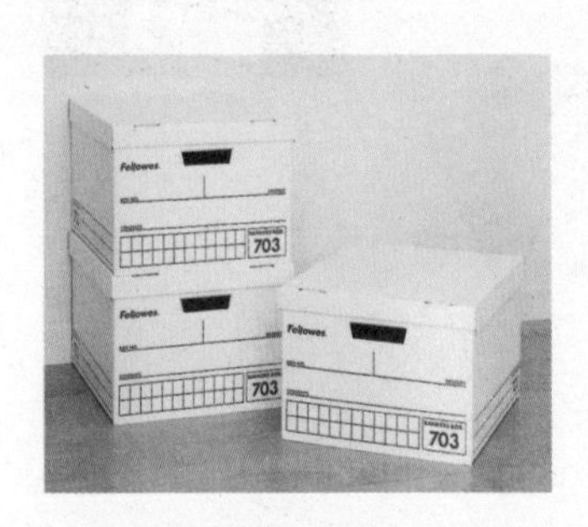

文件收纳盒三件套

最经典的文件收纳盒应该就是范罗士的这一款了。这款文件收纳盒。可以收纳文件及杂志、衣物等。

编织收纳篮S号和M号

这款编篮是细树皮编织而成的。带有盖子，可以收纳衣柜装不下的衣物或是零碎的小物品，只要盖上盖子，就会十分清爽、整洁。

水杉树皮编篮M号和L号

这款编篮极具设计感，即使只是将亚麻布和食材随意地放进篮子里，看起来也非常时髦，是一件不可多得的收纳工具。篮子手提处缠绕着皮绳。

多格丙烯收纳盒大号

用来放装饰胶带正合适，尺寸设计合理，非常有人气。也可以放在厨房抽屉里，收纳小叉子及小纸杯等便当用的小物品或是皮筋等物品，十分便利。

可装在墙上的附隔板置物盒

这款置物盒比较有深度，可承重5kg，收纳功能十分强大。白蜡木材质营造出自然的气氛，与任何风格的室内设计都能协调搭配。搁板是活动的，可以根据要收纳的物品自由调整。

可以装在墙壁上的收纳工具

这个系列现在很受欢迎，因为它们可以灵活安装在各种墙面上，也能够适合各种风格的房间。石膏板材的墙壁也不要紧，可以用专用粘钩及固定螺栓安装，绝对不会伤到墙壁。

聚丙烯收纳箱小号和特大号

将提手扣到上面就可以锁住箱子，在户外使用也完全没有问题，是一款万能的收纳工具。而且在户外还可以当作简易长凳，非常方便。

聚丙烯小物6层收纳盒

这款收纳箱很受欢迎的秘密就在于，它的抽屉是活动的，可以叠放组合，也可以并排组合。笔、印章、数据线等小物件如果放到大抽屉里很快就会乱作一团，但分类收在这个收纳箱里就没问题。

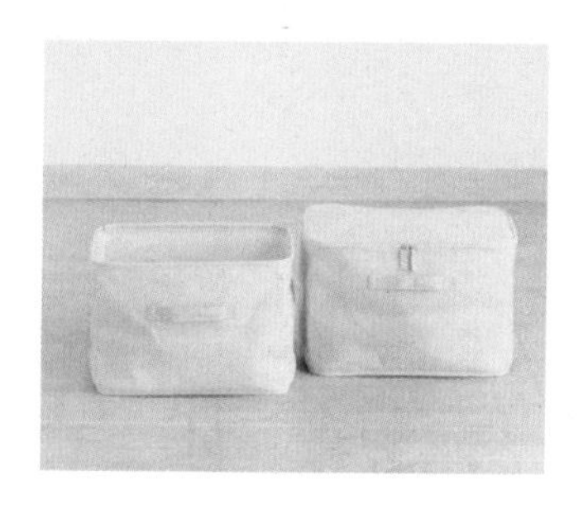

长方形布制收纳盒中号（右边是带盖的）

这款布制收纳盒的内侧有防水层。收纳玩具及零碎的小物件时很方便。也可以作组合柜的抽屉。

白色垃圾箱

样式罕见的三角形垃圾箱，适合摆在房间的角落，两个垃圾箱拼在一起就变成了方形垃圾箱。高度较高，所以也可以放在工作室收纳卷布或卷纸。

架子/铁丝编篮

这款白色置物架看起来非常干净、清爽，推荐将它用在盥洗室或厨房等会用到水的地方。底盘的调节装置可以调整高度，因此即使放在不平整的地方也很稳当。

白色收纳箱

适合收纳床上用品等，可以放在床下保存。只要拉上拉链就不必担心灰尘问题，还带有提手，易取易收，这一点也很吸引人。

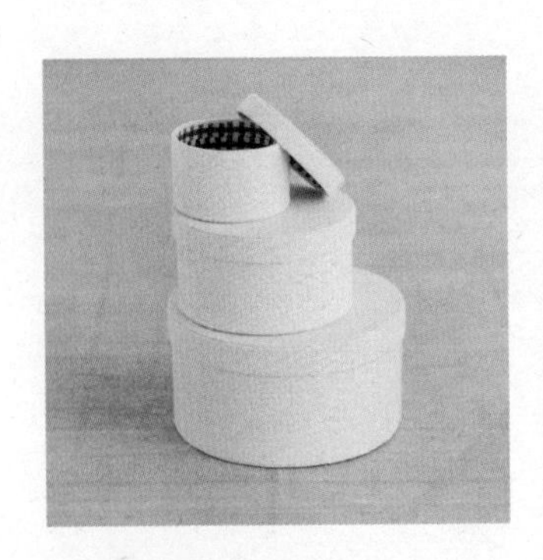

白色套装收纳盒

内侧有可爱图案的贴布，因此也可以放围巾等容易抽丝的东西。这款收纳盒很结实，收纳帽子也不会变形。

天然色带盖收纳盒

这款收纳盒非常实用，可以使房间清爽、利落。它还带有标签栏，可以分类收纳物品。

白色套装收纳篮

这款收纳篮触感柔软，可以手洗。推荐用它来收纳孩子的积木及橡皮印章等容易散乱的玩具。

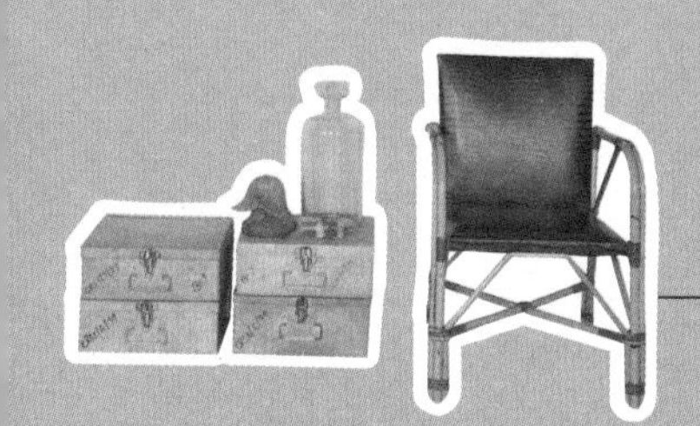

PART 7

物品繁多也能美观的房间布置法

屋内物品“大爆炸”也不要紧，只要一招就能让房间的氛围彻底转变。这章将以除日本外的其他国家的室内设计为例，介绍让家居环境更舒适的房间布置法。

看似随意地统一日用品的材质及颜色

绝妙的配色无可挑剔。色彩缤纷的桌布能够集中视线，避免去关注那些零碎的物品。厨具类物品统一材质，再分别加上重点色，让它们更像展示品。

上野朝子，散文作家、室内装潢设计师，现定居于纽约。

即使物品繁多
也能够打造舒适的空间

干净整齐的房间完美、理想，但是你有没有觉得起居环境过于整洁就失去了舒适性?

家，是生活场所，自然要有很多日用品，也许你的丈夫或孩子希望生活在充满心爱物品的居家环境中。既享受生活的乐趣，又能营造出舒适、放松的氛围。西方家庭一般很善于兼顾这两点。

当然，他们也会有原则，但基本上都非常简单，如颜色统一、摆放整齐等。上野朝子总结出了8大原则，你也能运用它们打造出物品繁多却舒适的房间。

餐具、食材，都享受展示的乐趣

对于厨房、餐厅而言，最重要的不是一尘不染，而是能方便地做出美味菜肴、愉快地用餐。所以让家人开心的厨房、餐厅才是最棒的。摆满厨具、调料的厨房中，洋溢着美味、愉悦的气氛。（巴黎，让蒂家）

Rule 01

恰到好处的生活气息令人心情愉悦

很多人都想把物品隐藏起来，让房间干净、清爽。然而空间过于空荡，也会让人产生紧张感、压迫感。

客厅、餐厅、厨房会有很多生活必需品，恰到好处地摆放这些物品，就能营造出舒适、轻松的氛围。具体来说，摆在外面的物品占房间面积的30%～40%；同类物品集中叠放，以消除杂乱感；摆在外面的物品要统一颜色和材质。

开放式置物架上物品的外观及材质要统一

厨具、调料、食材……厨房很容易"物满为患"。如果想把常用物品摆在外面，开放式置物架还是很方便的。不锈钢锅具、玻璃调料瓶等，置物架上所有物品的外观和材质要统一，这样会显得清爽、整洁。恰到好处的生活气息让厨房更舒适。（纽约，赖哈恩家）

划分区域，打造令人放松的空间

在家中划分区域，创造出令人放松的"机动"角落，这种方式也值得推荐。走廊的一角集中摆放着主人心爱的书，还有错层的床，打造出了秘密基地般的空间。恰到好处的"失重"氛围，创造出了令人放松的起居环境。（纽约，马尔左夫家）

大胆秀出潮流单品，"随意"也是美

开放式收纳帽子及包包等外形可爱的物品，使它们也成为室内装饰。统一材质和颜色、不占用太大空间，这两点是使其富有美感的诀窍。只要严格遵守以上两点，随便哪里，都能变为时尚一角。（巴黎，弗朗卡尔家）

色彩强烈的海报大灯作厨房的主角

虽然台面上有不少厨具类物品，但夸张的海报吸引了全部视线，所以不会让人觉得物品繁多。海报的红色主色调能够促进食欲，非常适合作厨房装饰画。仔细看会发现画的主体是一头牛，这种令人产生联想的装饰方法，也是让房间具有美感的秘诀。（巴黎，戈达德家）

字母及数字也能营造出轻松氛围

人们有阅读文字及数字的习惯，因此与绘画和实体艺术相比，文字和数字更能吸引视线。即使不用这么大的字母，将若干字母组合起来，也能吸引视线。由于下方堆放着东西，所以要在上面制造焦点，以避免视线看向下方。（巴黎，迪赛尔家）

用黑色墙壁衬托五颜六色的零碎物品

这间儿童房的黑色墙壁是用黑板漆漆成的。虽然有很多玩具、绘本等五颜六色的物品，但第一印象的黑色淡化了杂乱的感觉。彩色物品摆放在黑色墙面的中间，黑色墙壁就呈现出架子般的效果，整体极具艺术感。（巴黎，赛琳家）

用强烈的颜色吸引视线，且屋内点缀相同的颜色

沙发统一为黑色或灰色，用黄色的装饰画吸引视线。装饰画是家里的孩子画的，极具个性，但又令人感到平和。画中使用了红色及蓝色，而沙发上的垫子和盖毯也选择了相同的颜色，这样的搭配简约、大气。（哥本哈根，基尔家）

Rule 02

制造“视觉焦点”引人注目

花费心思让零碎的物品不那么显眼，就能使室内装潢清爽、整洁。技巧就在于，制造视觉焦点，使视线集中，这样就不会注意到繁多的物品和拥挤的空间了。

在进房间第一眼能看到的地方挂上大幅海报、摆上实体艺术装饰，或者添加能吸引视线的颜色，这些都是诀窍。一旦有了视觉焦点，空间就会显得错落有致，也会产生开阔、整洁的效果。

白色、茶色、黑色打造室内设计样板间

以白色为主色调，再点缀其他颜色，就能打造出清爽、通透的空间。虽然物品繁多，但都是白色，与墙壁完美地融合在一起，就不显眼了。相反，白色以外的颜色则变得十分醒目，很好地抑制了白色的面积。（纽约，谢弗家）

色调的搭配是较高级的搭配

这间屋子配色高明，与其说是“颜色”，不如说是“发黄的绝妙色调”。整间屋子的色调以墙壁的颜色为基调，因为墙壁所占面积最大。要模仿这种配色比较困难，但“以面积最大的颜色为基调”这个原则，一定要记住！（巴黎，卡米列里家）

展示型收纳才能发挥配色的本领

这小小的一角完美地运用了颜色的搭配、控制。最引人注目的是上层的罐子，下层则点缀着各种与罐子颜色一致的物件，上下两层像一幅和谐的画。（哥本哈根，贾伊斯家）

渐变的茶色系作主题色

房间以茶色系颜色作主题色，用到的颜色从深茶色到浅米色。最深的颜色用在下方，越往上颜色越浅，所以整个空间有安全感，很沉稳。（巴黎，洛家）

Rule 03
根据主题色搭配颜色

完美室内设计最基本的一点就是“配色”。这个原则非常简单，并且极为有效。一个区域或房间的颜色数量最好控制在三种，如果有些物品是这三种之外的颜色，那最好进行隐藏收纳。

一旦定下主题色，购买物品时就不会犹豫不决了，还能避免购买多余的物品。

房间开始变得凌乱时，最好先重新审视一下家里物品的颜色。

以作画的心情看待物品集中区的平衡

厨房里洋溢着极为愉悦的气氛。雪白的墙壁和地板仿佛画布一般，而物品则像是色彩缤纷的画。乍一看杂乱无序，但其实每一层的物品都通过大小和颜色达到了平衡，因此显得非常时尚。（巴黎，弗朗卡尔家）

将厨房里明处的物品集中放置，形成可爱的区域

调料、厨具等摆在外面用起来比较方便，像上图这样将物品都集中到某个区域，就不会杂乱无章了。比起什么物品都看不见的厨房，这样的厨房才充满生活气息。（巴黎，图尼家）

Rule 04

给零碎物品规定好收纳范围

零碎物品在同一个区域里，就会形成一个整体，让人感觉清爽、整洁，因为零碎物品集中在一起产生了视觉焦点。而且收藏品等集中在特定的区域，会更加醒目。

如果家里分散摆放着零碎物品，就会显得杂乱无序。可以定好范围，将它们集中摆放在一个区域。

定好范围再挂装饰画，打造出完美的装饰画墙

桌子上方挂的画是旅行途中收集的纪念品等，桌子左侧墙壁上则是与工作相关的资料，将它们钉在墙上就形成了一块充满趣致的工作区。根据高度决定挂画的范围，使整体空间得到收缩，成为赏心悦目的展示区域。（巴黎，弗兰夫家）

集中收纳零碎的藏品，会更醒目

将藏品收纳在置物盒里，挂起来装饰房间，不失为一个好方法。玻璃展示柜也不错，但对于自然风格的室内设计，分格的置物盒更合适。只要将它装在墙上，就打造出了完美的展示墙。（柏林，克林家）

在垂直线与水平线上打造高水平的装饰画墙

墙上的画看似随意，但其实是按垂直线与水平线构成的格子设计的。在画与画之间留有空白，极具艺术感。在用物品进行装饰时，要灵活运用间距，这也是使房间更富美感、更清爽、整洁的窍门之一。（巴黎，德拉海家）

特意将厨具并排摆放在吊柜顶上，强调上方的直线

厨房吊柜容易给人压迫感，因此很多人选择不装或是安装开放式置物架。但安装吊柜并在顶上摆放东西，就能突出它上方的直线，提升整洁感。（纽约，谢弗家）

Rule 05

强调线条之美

看到笔直的线条时，人们都会产生一种整洁的感觉。线条越多、越长，越能让人感觉到井然有序。

柜子能轻松制造出线条，而开放式置物架也可以通过加入方框、箱子等直线线条元素，使整体显得井然有序。

家具是房间的主角，选择长度较长的家具、对齐并排家具的水平高度等，都是突出线条的小技巧。当然，这些原则和技巧也可以运用在展示墙上。

叠放置物箱发挥线条的作用，提升整洁度和收纳性能

通过叠放、套放置物箱来突出线条，使厨房置物架上的众多调料瓶显得井井有条。为了使外观更加清爽、整洁，一般会将调料装入成套的容器，但是叠放置物箱的方式可以省去这一步。（巴黎，卡米列里家）

想摆放许多装饰品时，要使视线集中到椅子上

如果没有这把椅子，这里是不是就显得杂乱无序了？椅子的大小恰到好处，刚好统一这个区域，起到收缩空间的作用，将视线都引向自己。（哥本哈根，路透家）

Rule 06

加一把椅子试试看

很多椅子本身外观优美，可以用来作装饰。而且，放上椅子能让人感觉到温暖的人气儿，即使附近有些凌乱，也会产生一种“刚才还有人坐在那里”的错觉，将凌乱变为温馨。

另外，欧美人还经常用椅子作收纳工具。将毛毯、书等与椅子相关的物品放在上面，构成一个展示性区域，让人感觉到放松、惬意。

增添人气，令人感觉温馨

这里摆放着乐器等主人心爱的物品。乍一看有些杂乱，但因为有一把椅子，顿时就有了人气，空间也莫名地变得温馨起来。（巴黎，弗朗卡尔家）

用椅子连接空间，既舒适又有格调

椅子将低矮的家具和摆放小装饰品的壁挂搁板完美地衔接起来。而且，这把椅子还被用来放置毛毯，一物多用。（纽约，帕克家）

叠放红酒箱作书架，享受实体艺术般的趣致

看到这面墙，就能猜想出主人每次买书后都往上加一个红酒箱，那种爱书的心情感同身受。这个房间里充满了人情味儿，洋溢着舒适、惬意的氛围。（巴黎、朱妮的家）

随心所欲地控制色彩，打造舒适空间

特意选择红色的窗帘、椅子，作为房间的点睛之笔。书架上也点缀着红色，有特别的装饰效果。虽然都是小细节，但它们让室内设计的平衡感完美。书架本身是白色的，与墙壁和地板相融合，这也是空间显得清爽的关键之处。（巴黎，弗朗夫尔家）

Rule 07

让易增加的书籍成为家居设计的点睛之笔

书籍和杂志，无论怎么控制，都会越来越多。你有没有试过不去强行收纳，而是将它们作为室内设计的主角？悠闲地读书，会让人联想到放松的时光，所以用书做装饰的房间也会洋溢着轻松的氛围。统一书的颜色、尺寸，并将一部分书叠放，设计出美的空间。如果是放在客厅，还能与到访的客人分享，促进朋友间的交流。

按色系分类收纳书籍，使书架清爽、整洁，又美观

给书包上同样的书皮能够整齐划一，但是太麻烦了。其实只要将书籍按照色系分类摆放，就能打造出美观的书架。此外，最好选择高度正好比天花板低一点的书架，这样书架就能起到墙壁的作用，这也是使房间清爽、整洁的技巧之一。（纽约，谢弗家）

叠放书箱，打造画廊般的区域

这样的区域在客人到访时，会成为很好的话题。在茶几上叠放若干本书，这也是欧美人家常见的情景。这样沙发区也会产生一种轻松的氛围。（纽约，谢弗家）

Rule 08

打造惬意温暖的氛围

如果只展示某个家庭成员的兴趣，无论怎样搭配也会觉得房间里缺少轻松的氛围。但如果展示出每个家庭成员喜爱的区域，房间里就会洋溢着轻松的氛围。如果家里有小宝宝，那就在公共区域里放上儿童用品，这样会有更放松的感觉。注意是用色彩缤纷、造型可爱的儿童用品做房间的点缀，可以再装饰上家人的照片，这样会让每名家庭成员都绽放出笑容。

儿童区可以随心所欲地使用颜色

客厅一角是孩子的专用区域。虽然根据孩子的要求装饰着各种物品，但都没有脱离主题色——红色和蓝色，颜色控制得非常绝妙。原本深色并不利于放松，但如果控制数量，就能营造出愉悦、幸福的氛围。（纽约，弗西家）

利用儿童用品的可爱，打造有趣的展示空间

五颜六色的塑料儿童餐具出现在自然风格的室内设计中，让人觉得很可爱。儿童餐具能消除紧张感，使氛围变得柔和。（巴黎，赛琳家）

将照片及喜欢的卡片等随意贴在墙上

从这面照片墙能感受到生活气息。不要将照片贴得到处都是，集中装饰一面墙，这样能打造出画廊般的氛围，既时髦又有趣。而且比装在框里更生动、有活力。